이 책에 나오는 와인의 이름과 지명은
외래어 표기법에 따르기보다는 저자의 발음을 기준으로 표기했습니다.
Part 2에 나오는 서른여덟 가지 와인은
와인명-와인사-A.O.C-지역-나라순으로 소개했습니다.

이 책에 나오는 와인의 이름과 지명은
외래어 표기법에 따르기보다는 저자의 발음을 기준으로 표기했습니다.
Part 2에 나오는 서른여덟 가지 와인은
와인명-와인사-A.O.C-지역-나라순으로 소개했습니다.

# 그녀가 사랑하는 와인

박인혜 지음

파리지엔이 당신에게 들려주는 와인의 비밀

버튼북스

## *part 1*
## 와인과 친해지기 위해 알아야 할 것들

# contents

와인의 즐거움을 함께 나누고 싶어서

첫 번째 책을 냈을 때, 다시는 책을 내지 않으리라 굳게 다짐했었다. 게다가 와인 이야기에 내 개인적인 삶의 이야기까지 함께 들어가 있는 책을 준비하는 과정이 처음 시작할 때와 달리 상당히 고되고 힘들었다.

두 번째 책을 내자는 제안을 받고는 그래서 망설였다. 하지만 이번 책은 철저하게 와인과 친해지고 싶어하는 사람들에게 좀 더 쉽게 와인을 알려주고 소개하고 그 경험을 함께 나누는 책이라는 기획의 콘셉트에 어리석게 설득당하고야 말았다.

그런데 지금까지 맛보고 경험한 와인을 고르는 일부터 쉽지가 않았다. 지금까지 경험한 와인이 수백 가지, 아니 수천 가지가 넘을지도 모르는데, 고작 마흔 개 내외의 와인을 고르는 게 이토록 어려울 줄이야. 내가 왜 책을 내기로 했는지 후회하고 또 후회했지만 그럴 때마다 어김없이 내 손에는 와인 잔이 들려져 있었다. 와인과 조금 더 가까워지고 싶은 사람들을 위해 이 책을 쓰고자 했다. 와인은 비싸고 어렵다는 편견을 사람들이 버렸으면 좋겠다. 여기에 소개한 와인들도 몇 가지를 빼고는 편하게 즐길 수 있는 가격대의 와인들이 대부분이다.

와인을 위해 파리에 살게 된 건 아니지만, 일상에 지칠 마흔 무렵 나는 파리에서 와인 공부를 시작했고, 와인은 내 삶을 새롭고 풍부하게 만들어주었다. 와인을 조금 더 알고 접하면 훨씬 좋다. 친구 같은 와인, 애인 같은 와인이 곁에 있다면 어제의 일상보다 오늘과 내일의 일상이 더 나아지지 않을까. 좋은 음악과 영화, 편안한 사람과 와인을 함께할 수 있다면 당신의 하루는 더 행복해질 것이다.

와인은 과묵한 사람의 말문을 트이게 하고, 우울한 사람에게 웃음을 주며, 때로 어색한 관계를 부드럽게 만들어준다.

나는 와인으로 인해 많은 사람을 만날 수 있었고, 안 좋은 기억보다 좋은 기억을 훨씬 많이 갖게 되었다. 여러분에게도 와인이 그런 소중한 존재가 되기를 바란다.

한 해의 마지막에

박 인 혜

*part 1*

## 와인과 친해지기 위해<br>알아야 할 것들

와인 테이블에 앉아 조금씩은 어색하고 불편함을 느낀 경험이 있을 것이다. 경직된 와인 매너에 대한 편견 때문이다. 물론, 와인을 더 잘 즐기기 위해서 알아두면 좋은 것들, 갖춰두면 좋은 것들은 있다. 하지만 그런 것들 때문에 자칫 부담을 느낀다면, 와인이라는 좋은 친구에 한 걸음 다가가는 것이 힘겹다면, 나는 오히려 그런 와인 매너보다는 편안함이 우선이라고 말해주고 싶다.

그래도 와인 세계에 조금 더 깊고 빠르게 입문하기 바라는 마음에 기본 정보를 사진과 함께 담았다. 와인 바나 레스토랑에서는 대개 소믈리에나 서버가 하는 일이지만, 가정이나 사적인 모임에서는 알아두면 좋은 와인에 관한 팁이다.

## 레드 와인

• 까베르네 소비뇽Cabernet Sauvignon : 프랑스 보르도Bordeaux 와인의 대표 품종인 까베르네 소비뇽은 이탈리아를 비롯 칠레에서도 재배되며 미국 캘리포니아 나파 밸리, 호주 등 신세계 와인에서도 많이 생산되고 있는 품종이다. 알이 작고 짙은 색의 껍질은 두꺼워 봄 서리 피해와 수확 기간에서도 부패되는 위험을 줄여주는 특징이 있다. 남성적인 품종이라고 많이 표현하듯 잘 짜여진 골격과 복합미를 고루 지니고 있으며 장기 숙성의 잠재력의 지침돌이 되어주는 품종으로서, 다른 품종과 혼합하여 많이 사용되고 있다. 검붉은 베리류의 향기와 제비꽃향, 산딸기향, 그리고 매콤한 향신료향, 초콜릿향 등이 담겨져 있다.

• 메를로Merlot : 프랑스 보르도의 생 뗴밀리옹Saint Emillon 등 우안 지역의 대표 품종이며, 보르도 전체 지역에서 재배되는 품종 중 50% 이상을 차지하고 있다. 역시 남프랑스 지방을 비롯 이태리에서도 재배되고 있다. 검붉은 과일향의 팔레트가 매우 화려하게 펼쳐지며 숙성 과정 후에는 잘 익은 서양자두향과 촉촉한 숲향 그리고 매콤한 향신료향의 여운을 남기며, 무엇보다 보드러운 살결처럼 유연한 타닌의 촉감이 여성스러운 매력을 지닌 품종이다.

• 피노 누아Pinot Noir : 세계적으로 유명한 프랑스 부르고뉴Bourgogne의 적포도 품종이며, 역시 샹파뉴Champagne 지방에서도 빠질 수 없는 귀족 품종으로서 미국 오레곤을 비롯해 칠레, 호주, 뉴질랜드에서도 꽃을 피우고 있는 품종이다. 재배하기가 매우 까다롭고 양조하기에도 민감한 품종이지만 정상 궤도에 이르러서는 그 어느 품종보다도 황홀한 맛을 발산하는 품종이다. 딸기향, 체리향, 장미향, 가죽향, 나무향 등이 담겨져 있으며 매끈한 타닌과 산도의 우아함은 그 누구도 흉내낼 수 없는 자태를 지녀 여왕이라고 불리는 품종이다.

• 가메Gamay : 가메 품종은 우리에게 많이 알려진 보졸레 누보Beaujolais Nouveau의 품종이자 조금 더 나아가 크뤼 듸 보졸레Crus du Beaujolais를 있게 한 품종이기도 하다. 이처럼 일반적으로 알려진 것과는 달리 장기 숙성 잠재력을 지니고 있으며 고급한 루비색과 잘 익은 체리와 카시스향, 블랙베리향, 딸기잼향 등 과일향이 풍부하다. 숙성되어가면서 농익은 서양자두향과 이끼,

나무, 버섯 등 숲 향기들이 배어진다. 여기에 장미향과 후추향이 더해져 우아함을 한층 더 돋보이게 하며 신선함과 섬세함의 조화를 품고 있는 와인을 탄생시킨다.

• **말벡**Malbec : 프랑스 까오Cahors 지방의 블랙 와인Black wine을 있게 한 품종으로서, 짙고 탄탄한 와인으로, 장기 숙성 잠재력의 대명사라고 해도 과언이 아니다. 보르도 와인에서도 혼합 품종으로 소량 사용되고 있다. 블랙베리, 블루베리 등 산열매향과 삼나무향, 점차적으로 제비꽃향, 서양자두향, 향신료향 등을 품어낸다. 현재에는 아르헨티나에서 커다란 성공을 낳은 품종으로 더 많이 알려져 있다.

• **그러나시 누아**Grenache Noir : 주로 더운 지방에서 잘 자라는 품종으로 프랑스의 론Rhône과 남프랑스 지역을 대표하는 품종이며 전 세계적으로 메를로과 까베르네 소비뇽 다음으로 가장 많이 재배되고 있는 품종이기도 하다. 수북한 포도송이는 와인 생산량을 도우며 단맛도 넉넉해 렁그독Languedoc 지역의 주정강화주의 품종으로도 알려져 있다. 스페인, 이태리, 칠레, 호주, 아르헨티나, 남아프리카 등에서도 활발히 재배되고 있다. 붉은 과일의 풍부한 향 뒤에 숙성되어지면서 말린 무화과, 볏짚, 감초, 코코넛, 캐러멜향 등 달콤한 향들이 속속 출현한다. 비교적 낮은 산도에 비해 높은 알코올 함류량을 보여준다.

• **까베르네 프랑**Cabernet Franc : 프랑스 보르도 지역에서 가장 오래된 품종으로 주로 우안 지역에서 혼합 품종으로 사용되고 있다. 유연한 타닌과 섬세한 산도가 특징이다. 이러한 특징들이 메를로, 까베르네 소비뇽과 혼합되어 한층 더 돋보이는 복합성을 지녔다. 오랜 숙성기간을 거치지 않아도 부담 없이 마실 수 있으며, 현재 프랑스 루아르Loire 지역을 비롯해 세계 약 20여 개국에서 생산되고 있다.

• **시라**Syrah/Shiraz : 프랑스 론 지역의 꼬테 로티Côte-Rôti, 에르미따쥬Hermitage, 샤토네프 디 팝Châteauneuf-du-pape 등 유명한 와인을 만드는 품종으로 알려져 있으며 호주에서는 시라즈Shiraz라고 명칭하고 있다. 윤기가 흐르는 검붉은 색을 띠고 있으며 체리, 카시스, 향신료, 캐러멜, 코코넛, 바나나향이 느껴지며 숙성 후에는 점차적으로 가죽, 서양자두잼, 후추, 감초, 담배향

들이 골고루 배어나며 튼튼한 타닌, 안정감 있는 골격, 높으나 드세지 않은 알코올, 이 모든 것들이 만나 복합적인 와인, 품격 있는 와인을 만드는 데 큰 역할을 한다.

• 산지오베제Sangiovese : 이태리 토스카나Toscana의 토착 품종이며 끼안티Chianti 와인을 만드는 품종으로도 유명하다. 붉은 자두, 산딸기잼, 향신료, 보라꽃, 후추, 블루베리향이 나며 숙성되면서 오크와 담배, 서양자두향을 느낄 수 있다. 초반에 느껴지는 굵은 타닌과 산도도 숙성 과정을 통해 섬세하게 표현되어지는 이태리를 대표하는 품종이다.

## 화이트 와인

• 샤르도네Chardonnay : 최고의 명성에서 알 수 있듯이 프랑스 샹파뉴, 샤블리Chablis, 부르고뉴의 화이트 와인을 만드는 품종이다. 물론 프랑스 지역 내 루아르, 남프랑스, 남서부 지역들에서도 넓게 재배되고 있으며 호주, 뉴질랜드, 캘리포니아 등에서도 복합적이고 우아한 풍미의 화이트 와인을 만드는 품종으로 재배되고 있다. 감귤류와 아몬드, 청사과, 아카시아, 복숭아향을 느낄 수 있으며 숙성되면서 서서히 모

과향, 버터, 코코넛, 감초향이 피어오른다. 오크 숙성 과정에 따라 오크향과 바닐라향도 느낄 수 있으며 역시 재배 지역에 따라 미네랄의 기운을 감지할 수 있다.

• 소비뇽 블랑Sauvignon Blanc : 화이트 와인의 대표 품종으로서 프랑스 보르도, 루아르, 남프랑스 지역 등에서 재배되며 주로 혼합 품종으로 사용되는데, 보르도의 스위트 와인에서 세미용Sémillon과 사이좋게 함께하는 품종으로도 알려져 있다. 물론 전 세계적으로 재배지역이 분포되어 있지만 그중에서도 뉴질랜드에서 상큼하고 신선한 신세계 와인으로 커다란 성공을 안겨준 품종이기도 하다. 살구, 아카시아, 아몬드, 감귤, 파인애플, 풋사과, 민트, 푸른 파프리카향 등 신선하고 친근한 풍미와 야무진 짜임새와 상큼한 산도가 특징이다.

• 슈냉Chenin : 프랑스 루아르 지역의 토착 품종으로 견고하지만 농시에 유연함을 겸비한 매우 매력적인 화이트 와인을 만드는 품종이다. 주로 일반적인 화이트 와인에서부터 귀부 현상('귀하게 부패되었다'는 뜻으로 포도 껍질에 회색 곰팡이가 피는 현상. 이렇게 부패한 포도는 복잡

하고 미묘한 단맛을 내는 와인의 원료가 된다)으로 생산해내는 달콤한 스위트 와인과 스파클링 와인에 이르는 루아르 지역의 대표 품종이다. 촘촘한 짜임새의 산도는 와인의 우아함을 돕고 감귤향과 흰꽃향, 서양배, 말린 과일, 꿀, 복숭아, 민트향 등이 와인의 풍미를 한층 높여준다.

• 쎄미용Sémillon : 소테른Sauternes 품종이라고까지 칭하는 이유는 세계적으로 명성 있는 보르도의 스위트 와인의 대표 품종이기 때문이다. 소비뇽 블랑과 사이좋게 혼합되어 진가를 발휘하지만 쎄미용의 얇고 연약한 껍질이 귀부 현상으로 달콤함을 듬뿍 담아내어 달지만 달지 않은 와인을 탄생시킨다. 물론 일반적인 드라이 와인도 만든다. 복숭아, 살구, 서양배, 신선한 버터향, 계피, 고소한 아몬드향, 호두향, 꿀향, 아카시아향과 같은 매혹적인 향기들과 유연하고 둥글한 짜임새는 와인의 풍미를 한층 디해준다. 호주, 캘리포니아를 비롯하여 남아프리카에서도 재배되고 있다.

• 비오니에Viognier : 프랑스 론 지방의 북쪽에 위치한 콩드리위Condrieu의 화이트 와인으로 단일

품종으로 유명하다. 매끈한 질감과 신중한 짜임새, 그리고 생동감 넘치는 산도 덕분에 장기 숙성이 가능하다. 현재는 캘리포니아를 비롯하여 호주에서 큰 호응을 받고 재배되고 있는 품종이며, 주로 단시일 내에 즐기는 편안한 화이트 와인을 만드는 데 많이 사용되고 있다. 청레몬, 모과, 살구, 오렌지, 망고, 아카시아꽃, 복숭아, 장미꽃, 건초, 민트, 꿀향기에 이르기까지 매우 풍부한 향기를 담고 있다.

• 피노 그리Pinot Gris : 17세기 때부터 프랑스 알자스Alsace 지방에서 재배가 시작된 귀족 품종 중에 하나이며 포도 알은 옅은 갈색을 띠고 있다. 단맛의 와인도 만들지만 드라이한 와인 속에서도 달콤한 향기들을 느낄 수 있어서 단맛의 와인으로 착각하게 만드는 신비한 매력을 지닌 품종이다. 복숭아 같은 흰 과일류와 열대 과일향이 확연하게 느껴지며 성숙해지면서 계피, 바닐라, 아몬드, 버터, 밀랍향, 버섯 향기 등이 피어오른다.

• 리슬링Riesling : 프랑스 알자스 지방과 독일, 오스트리아처럼 추운 지역의 품종으로 매우 오래된 역사의 청포이지만 현재는 이태리, 호주,

뉴질랜드, 남아프리카를 비롯해 캘리포니아에 이르기까지 무더운 곳에서도 잘 적응하여 재배되고 있는 품종이다. 단맛의 와인을 만들 때는 무척 사랑스러운 달콤함으로, 드라이한 와인을 만들 때는 깔끔하고 상큼함으로 옷을 갈아입는 다재다능한 품종으로 살구, 레몬, 푸른 잎, 열대과일향, 민트향에서 점차 성숙해지면서 동물적인 사향, 장미향과 미네랄향까지 깊이 있는 향기들을 만날 수 있다.

• 게브르츠트라미너Gewürztraminer : 프랑스 알자스 와인의 상징적인 품종이며 단맛의 와인 또는 드라이한 와인을 만든다. 풍미가 매우 뛰어나며 매콤한 향신료향을 품고 있는 특징 덕분에 향신료가 많이 사용되는 동남아 음식과도 아름다운 조화를 이룬다. 리치, 망고 등 열대과일향에서부터 건과일향, 복숭아, 오렌지, 민트, 캐러멜, 자몽, 장미향 그리고 매콤한 향신료향까지 나열하기 벅찰 정도로 풍부하고 복합적인 향기를 담고 있다.

## 프랑스 와인 레벨 보는 법

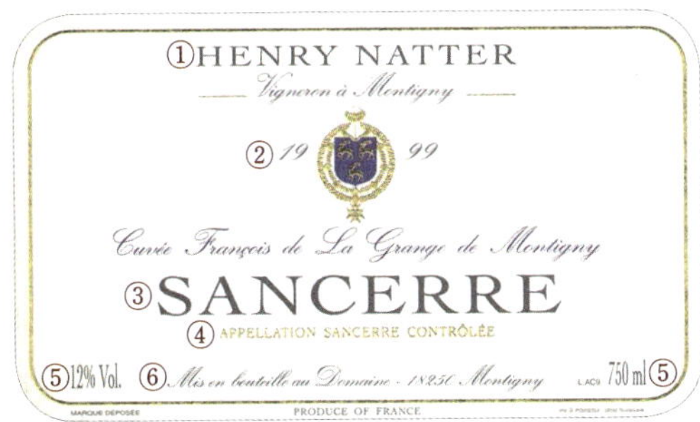


① 생산사명 또는 와인명
② 생산 연도
③ 생산 지역
④ A.O.C(원산지 명칭 통제)
⑤ 알코올 함유량 및 용량
⑥ 생산사 병입

## 프랑스 와인의 A.O.C=A.O.P란?

A.O.C는 Appellations d'Origine Contrôlée(아펠라시용 도리진 콩트롤레)의 약자로 '원산지 명칭 통제'라는 뜻이다. 1935년부터 엄격한 통제와 관리를 받아 생산되는 와인에 원산지 이름이 명시된 것이다.

예를 들면 Appellations Bordeaux(원산지명) Contrôlée, Appellations Margaux(원산지명) Contrôlée와 같다.

2009년부터 아래와 같이 A.O.C가 A.O.P로 개정되었다. 하지만 아직까지도 일반화가 덜 이루어져 A.O.P가 A.O.C로 불리고 있다.

### 개정 전

A.O.C(Appellations d'Origine Contrôlée)
=원산지 명칭 통제

V.D.Q.S(Vins Délimités de Qualité Supérieure)
=우수 품질 제한 와인

V.D.P(Vin de Pays)=지역 와인

V.D.T(Vin de Table)=테이블 와인

개정 후

A.O.P(Appellations d’Origine Protégée)
=원산지 명칭 보호제

I.G.P(Indication Géographique Protégée)
=지리학적 표시 보호제

V.S.I.G(Vins Sans Indication Géographique)
=지역 미표시제

## 떼루아<sub>Terroir</sub>란?

토양과 토질의 성질, 배수 상태, 매년 기후, 일조량, 포도나무가 심어져 있는 방향, 포도밭의 경사도 등 자연적 요소가 종합적으로 이루어진 천혜의 환경을 뜻한다.

프랑스어로 프랑스 와인을 표현할 때 가장 많이 사용한다. 이제는 프랑스 와인뿐만이 아니라 호주, 뉴질랜드, 남아프리카 등 신세계 와인을 표현할 때도 떼루아라는 단어를 사용하고 있다.

프랑스 농부의 철학은 떼루아로부터 출발하며 정점을 이루고 있다고 해도 과언이 아니다. 그렇지만 역시 21세기에 이르러서는 떼루아의 의미 속에는 인간의 힘과 노력으로 발전하는 재배, 양조 기술 등이 양질의 와인을 생산한다는 보다 넓은 개념으로도 볼 수 있다.

## 와인 구입하기

와인을 구입하러 가서 무엇을 데리고 올지 항상 고민하게 되는데 우선 이 고민은 즐거운 고민이니 모두가 어려워하지 말았으면 한다. 기본적으로는 어떤 음식과 함께 마실 것인지 알고 있다면 한결 수월하다.

예로 삼겹살 파티를 할 계획이라면 프랑스 시라Syra, 또는 그러나시Grenache 품종의 와인 또는 지방으로 찾고 싶다면 프랑스의 렁그독A.O.C Lanquedoc 지방이나 꼬뜨 디 론A.O.C Cotes du Rhône 와인을 찾는다면 어떨까. 역시 강한 맛의 음식과 함께하기 위해서는 와인의 골격이 튼튼한 것, 또는 다른 표현으로 걸쭉한 느낌의 맛이라면 무난히 어울린다.

그리고 가격대는 당연히 주머니 사정을 고려해서 찾으면 된다. 5만원과 10만원 두 가지 와인의 경우 가격은 두 배지만 결코 맛이 두 배나 맛있다는 뜻이 아니라는 것을 염두에 두자.

또 한 가지 방법으로는 판매원의 도움을 받는 방법이 있는데 가능한 예산을 알려주고 신맛이 있는 와인은 좋아하지 않는다. 타닌이 있는 와인이 좋다. 달콤한 와인이 필요하다. 이렇게 간단히 취향을 알려주는 것도 유익하므로 주저 말고 전문가에게 도움을 청해보자.

## 와인 구입 후 보관법

우리가 구입하는 와인들이 대부분이 산 넘고 물 건너 힘들게 긴 여행을 해서 오다 보니 적지 않은 변화 속에서 때론 변질된 상품을 만날 수가 있다.

간혹 와인이 넘쳐흘러 병마개가 젖었거나 겉으로 흘러내린 흔적이 있는 것은 당연히 피해야 하며 빛에 예민한 화이트 와인이나 스파클링 와인일 경우 조금 더 관심을 기울여 가능한 진열대 한가운데 뻘쭘하게 서 있는 와인을 데리고 오는 것은 피하면 좋겠다.

장기보관 시에는 온도 11~15°C, 습도 75~85%를 유지해야 하는데 일반 가정에서 와인을 장기 보관하는 것은 쉽지가 않다. 며칠을 보관하더라도 주로 다용도실이 적합한 편이다. 물론 온도 변화가 크지 않으며 직사광선을 피해야 하고 통풍이 원활한 곳에서 편안하게 눕혀두는 것이 기본이다.

무더운 여름이나 추운 한겨울에는 일반가정에서 보관하는 것은 무리일 수 있으므로 소량 구입해서 짧은 기간 안에 소비하는 것이 바람직하다. 또는 와인 셀러를 장만하는 것도 좋은 방법이다.

### 마시고 남은 와인 보관법

와인 한 병을 개봉해서 다 못 마셨을 때에는 코르크 마개를 반대 방향으로 다시 막아 공기가 들어가는 것을 차단한다. 이 경우 냉장고에서 5일 정도 보관이 가능하며 시중에서 판매하는 진공마개를 하나 구입해두어 사용하면 유용하다.

혹시라도 5일 내에 마실 수 없다고 판단이 되어지면 일찌감치 요리할 때 사용한다. 레드 와인은 육류요리 소스에, 화이트 와인은 생선요리나 흰 살고기요리 소스에 사용할 수 있다. 혹시라도 언제 사용할지 계획이 없으면 얼음 팩에 넣어 냉동해놓으면 필요할 때 음식 소스용으로 녹여 사용할 수 있다.

### 와인의 서빙 온도

와인 마실 때 온도는 와인의 맛을 좌우하는 데 적지 않은 영향을 준다. 물론 다른 주류들도 마찬가지다. 맥주를 미지근하게 해서 마신다면 맥주의 풍미를 느낄 수 있을까? 이런 이치와 같이 와인도 그렇다.

온도를 이야기하자니 숫자가 안 나올 수도 없지만 누가 체온기로 재듯 와인의 온도를 체크해가며 마실까 싶다. 어린 화이트 와인은 시원하게, 그러나 살얼음처럼 너무 차게 해서 마시는 건 피해야 한다. 너무 차게 하면 와인이 춥다고 꽁꽁 움츠러들어 맛과 풍미를 절대로 느낄 수 없다.

반면 레드 와인을 화이트 와인처럼 차게 해서 서빙하는 업장을 종종 경엄하게 되는데 아마도 차가움 속에 그 와인이 지닌 단점을 묻고 싶기 때문일 거라고 짐작된다.

어렵게 생각하지 말고 간편하게 측정할 수 있는 방법은 어린 레드 와인의 경우 봄과 가을에 다용도실에서 보관하던 상태, 기준이 되는 온도를 표기하자면 약 17도 전후가 적당하다. 십년 정도 잘 숙성된 와인은 조금 더 높은 온도, 그러나 20도를 넘지 않도록 한다.

와인 셀러에서 보관하는 경우에는 꺼내서 실내에서 약 한 시간 정도 적응한 뒤 열도록 한다. 그리고 화이트 와인의 경우 냉장고 보관 후(냉장고의 온도가 5도 전후이므로) 꺼내서 잠시 기다린 후 서빙하고, 스파클링 와인도 일반 화이트 와인과 비슷하게 8~10도, 또는 아이스 버킷에 얼음과 물을 반반씩 넣고 와인 병을 잠기게 한 후 약 30분 정도면 적당하다.

스위트한 와인은 10~12도 정도가 적당하다. 그리고 와인은 잔에 서빙 후 1~2도 정도 온도가 상승하는 것을 염두에 두어야 한다.

## 여러 종류의 와인을 마실 경우

드라이한 맛에서 단맛으로 넘어가며, 빈티지가
젊은 와인에서 나이가 더 있는 와인으로, 대개
는 화이트 와인에서 레드 와인순으로 마시는
것이 일반적이다.

# 와인을
# 마시기 전에

**와인을 즐길 때 필요한 액세서리**

• 와인 잔 : 와인 잔은 레드 와인 잔, 화이트 와인 잔, 스파클링 와인 잔으로 크게 나누어진다. 레드 와인은 잔의 크기가 가장 크며 그 모양도 비교적 다양하다. 차게 마시는 화이트 와인 잔은 그보다 자그마하며 스파클링 와인 잔은 가늘고 긴 아름다운 모양이다.

• 오프너 : 일반적으로 가장 많이 사용하는 오프너는 호일을 벗기기 위한 작은 칼과 코르크 마개에 꼽는 긴 나사모양의 다리가 있으며 와인병 입구에 걸어 코르크마개를 뽑아내기 위한 쇠꼬챙이 모양의 걸이가 두 개 있다.

• 아이스 버킷 : 주로 화이트 와인, 스파클링 와인, 그리고 로제 와인을 마실 때 사용한다.

• 디캔터 : 일반적으로 투명한 호리병 모양이다. 와인을 디캔터로 옮겨 담는 것은 나이가 있는 와인일 경우 오랜 시간 쉬고 있었던 와인을 좀더 편안한 공간에서 깨어나게 하기 위한 방법이다. 조심스럽게 옮겨 담으면서 와인병 속에 있는 침전물을 걸러주는 역할도 한다. 그리고 많은 향기와 질감을 꽁꽁 움켜쥐고 있는 성숙이 덜 된 젊은 와인일 경우에 디캔터로 옮겨지면서 공기와의 접촉면이 넓어져 고유의 향기를 뿜어내며 질감도 유연해진다.

## 와인 오픈 방법

• 레드 와인, 화이트 와인

1~2 오프너에 달려 있는 칼로 병 머리에 씌워져 있는 호일을 돌려가며 잘라 벗겨준다.
이때 주의할 점은 병의 맨 위에 있는 골이 아니고 두 번째 즉 맨 밑 부분의 골을 잘라낸다. 와인을 따를 때 호일에 닿는 것을 방지하기 위함이다.

3~4 나사 모양의 뾰족한 다리를 코르크 마개의 중심에 꽂고, 휘지 않게 살살 돌려가며 나사층이 1~2칸 남을 정도로 꼽는다.

5 쇠꼬챙이 모양의 걸이가 있는데 우선 가장 안쪽에 있는 걸이를 병에 고정시킨 후 힘 있게 눌러주며 코르크 마개를 올려준다.

6 다시 바깥쪽에 있는 걸이에 고정시킨 후 같은 동작으로 코르크 마개를 뺀다. 간혹 이렇게 해도 코르크 마개가 완전히 다 빠져나오지 않을 경우에는 오프너를 다 뽑아낸 후 마지막 부분은 손으로 살살 돌려 빼면 된다.

• 스파클링 와인

1~3 병머리에 씌워진 호일을 벗긴 후 돌돌 말려 있는 쇠줄을 풀어 벗긴다.

4~6 45도 정도로 비스듬히 기울여 넓게 펼쳐 핀 왼쪽 손 안에 병 밑을 모두 감싸 잡고 오른손으로 코르크 마개를 누르듯이 잡아준다.

병 밑쪽을 잡은 손으로 병을 한쪽 방향으로 서서히 돌려준다. 이때 압력에 의해 마개가 밀려나오는 것을 느낄 수 있다.

그렇지만 가능한 마개가 천천히 빠져나올 수 있도록 쉬엄쉬엄 돌려줘야 병 밖으로 와인이 넘치는 사고를 방지할 수 있다.

*part 2*

그녀와 우리가 함께하는
# 와인 38

패션 공부를 하기 위해 파리에 와서, 마흔이 넘어 시작한 와인 공부였다. 물론, 이십 대에 파리에 왔으니, 와인의 나라 프랑스에서 와인을 접했던 건 그때부터 시작이었다. 하지만 본격적으로 와인을 알아가기 시작하고 와인을 마셔볼 기회가 많아지면서, 특히 수많은 와인 박람회와 시음회에서 새로운 와인과 인연을 맺으면서 인상 깊은 와인들이 차곡차곡 쌓이기 시작했다.

내가 좋아하는 38가지의 와인을 소개한다. 모두 내가 아끼는 것들이다. 한국에 없는 것들은 파리에서 직접 들고 온 것들도 여러 개다. 비록 한국에서는 아직 구입할 수 없지만, 언젠가 이 와인들도 우리나라에서 만나보길 바라는 마음으로. 이렇듯 와인이 내 삶의 일부분으로 자리 잡으며 나의 하루하루를 풍성하게 만들어주고 있다. 당신에게도 '나만의 와인 리스트'가 하나둘 생겨나길 바라는 마음이다.

SAINT- BRIS
EXOGYRA VIRGULA
GOISOT

# 엑조기라 비르글라

Domaine Goisot
도멘 구아조

A.O.C Saint Bris, Bourgogne, France
생 브리, 부르고뉴, 프랑스

생 브리. 세련된 매력이 넘치는 화이트 와인은 단번에 찬사를 받기에 부족함이 없지만 안타깝게도 그다지 많이 알려지지는 않은 화이트 와인 생산 지역이다 보니 간혹 만나게 되면 반색을 하게 된다. 석회질과 해양화석 토질이라는 특별한 떼루아를 세계적인 화이트 생산지 샤블리와 사이좋게 나누고 있는 곳, 그렇지만 일반적으로 알고 있는 샤블리 지역의 샤르도네와는 달리 소비뇽을 재배하는 지역이다. 14세기로 거슬러 올라가는 긴 역사를 지닌 도멘 구아조는 현재까지 대를 이어오고 있는, 이 지역에서는 최고의 와이너리이며 친환경 농법으로 와인을 생산하고 있는 와인 명가다.

황금빛이 스치는 연한 노란색. 자몽, 귤과 같은 감귤류의 향기와 약간의 식물향이 신선하게 다가온다. 중반부부터 차분히 복숭아와 리치향, 풋사과향과 아몬드향이 복합적으로 다가오면서 서서히 열리기 시작한다. 유연하고 신선한 산도의 풍미와 씹힐 듯한 아삭한 질감으로 입안을 가득 채운다. 목넘김 후에도 살포시 느껴지는 향긋한 계피, 흰후추향이 개운하다.

이 지역의 특징답게 살짝 스치는 요오드와 생동감이 넘치는 미네랄 여운이 인상적이다. 소비뇽 블랑Sauvigon blanc 100% 단일 품종으로 늦가을에 귀부 현상이 있는 포도송이도 소량 함께 양조된다.

10°c 정도로 차갑게 해서 석화와의 정겨운 어울림을 맛보기를 권하고 싶다. 생선회와도 자연스럽게 잘 어울린다. 또는 커리와 같은 향신료가 살짝 들어간 요리와도 친절하게 동반해주는 와인이며, 간단하게 치즈류와 함께해도 편안하게 즐길 수 있다.

약 10년 전부터는 서울도 자주 오가고 더욱이 인터넷 덕분에 한국 소식도 쉽게 접하고 있지만, 1985년부터 2000년도 초반까지 약 20년 동안 나는 달나라에 살던 사람처럼 한국 소식에 대해서는 무지했다. 작년 가을, 친구로 인해 우연히 어느 여가수와 인사를 나누게 되었다.

나는 그전까지만도 막연하게 연예인들은 화려할 거라고 생각했는데 의외로 그녀는 수수했고 고운 인상을 가졌었다. 정말 그녀가 가수인 줄 몰랐던 내게 그녀는 친절하게 자신의 히트곡 〈사랑은 창밖에 빗물 같아요〉의 가사 몇 마디까지 들려줬지만, 그래도 나는 믿지 못했다. 그럼에도 불구하고 당황한 내색 없이 잔잔하게 미소를 보내주던 그녀.

우연히 그녀의 노래를 듣기 시작했다. 그리고 근래 활동을 재기했다는 반가운 소식도 전해 들었다. 오늘처럼 비가 오는 날에는 가슴 깊이 파고들어 진하게 퍼지는 묘한 중독성이 있는 그녀의 노래를 이 와인과 함께 하고 싶어진다.

HENRY NATTER
SANCERRE

# 성세르 블랑

Domaine Henry Natter
도멘 엉리 나테
Sancerre, Loire, France
성세르. 루아르. 프랑스

파리에서 살짝 남서쪽 방향으로 약 200킬로미터 내려온 지점에서부터 대서양을 만나는 곳까지 가로 방향으로 길게 펼쳐진 루아르 와인 생산 지역 중에서도 상세르 지역은 부르고뉴의 샤블리와도 인접해 있으며 소비뇽 블랑 단일 품종으로 섬세하고 우아한 와인을 생산하는 곳으로 유명하다.
이 상세르 지역 중에서도 석회 점토질 토양의 몽티니Montigny에 위치해 있는 밭에서 태어난 도멘 엉리 나테 성세르 블랑은 이 지역의 특징과 매력을 마음껏 발산하는 청량감 넘치는 와인이다.
도멘 엉리 나테는 1974년에 설립되어 현재 23헥타르 면적의 포도밭을 소유하고 있다. 엉리 나테는 대표적인 가족 경영으로 아내와 딸 그리고 아들과 함께 전통 방식을 고수하며 프랑스 현지에서는 물론 해외에서도 많은 사랑을 받는 와인을 생산하고 있는 열정적인 도멘이다.

푸른빛을 띤 투명한 노란색. 우선 서양배향이 성큼 다가온다. 아카시아 등의 흰 꽃향기와 자몽, 레몬 등의 감귤류 향기가 소곤소곤 속삭이듯 피어오르고 점차 풀향과 부싯돌향이 순서대로 등장을 하면서 소비뇽 블랑의 느낌을 주저없이 표현한다. 입안에 와 닿는 첫 느낌에서는 솟아오르는 산도 덕분에 침샘을 자극하기 바쁘지만 이내 세련된 미네랄과의 조화를 낳으며 깔끔한 질감과 청량감을 느끼게 된다. 무더운 여름날 10도 정도로(아이스 버킷에 넣고 약 30분, 또는 냉장고에서 3~4시간) 차갑게 해서 마주하니 신선한 풍미 덕분에 더위를 잊게 만든다.
생선회, 해산물 크림 파스타, 또는 조개구이와도 깔끔한 조화를 이룬다.

2014
VIN BIO-DYNAMIQUE
Contrôle FR-BIO-01
Orthogneiss
MUSCADET
SEVRE ET MAINE
Domaine de l'Ecu
12% vol
750 ml

# Orthogneiss

# 오로토네스

Domaine de l'Ecu
도멘 드 레퀴

A.O.C Muscadet Sevre et Maine, Loire. France
무스까데 세브르 에 멘. 루아르. 프랑스

무스까데 세브르 에 멘 지역은 루아르에서도 대서양이 가까운 서쪽 부분에 위치해 있는 곳이다. 덕분에 온화한 대서양 기후의 영향을 직접적으로 받을 수 있고, 해안가에서 멀지 않은 이곳의 토양은 오랜 시간 동안 퇴적되어 쌓여온 편마암, 화강암과 모래와 진흙 등이 복합적으로 이루어져 상큼하고 신선한 화이트 와인이 태어날 수 있는 천혜의 자연조건을 지녔다. 이곳에서 한 가지 더 주목할 만한 특징은 슈흐 리Sur Lie라고 하는 양조 방식이다. 말 그대로 발효 과정에서 죽은 효모들이 만들어낸 하얀 침전물을 걷어내지 않고 남겨둔 채로 다음해 봄까지 와인을 자연스럽게 숙성시키는 것이다. 그래서 와인의 섬세한 구조감과 풍부한 풍미, 복합적인 매력을 지닌 화이트 와인이 탄생된다.

도멘 드 레퀴 사에서는 1975년부터 유기농법을 시작해서 1998년부터 본격적으로 달과 별의 모양과 움직임에 따라 화학비료나 살충제 등을 전혀 사용하지 않고 자연 퇴비로 농사를 짓는 비오디나믹 Biodynamic 농법을 도입했다. 이제는 포도밭에 새들이 날아와 둥지를 틀고 스스로 찾아온 무당벌레가 살충제 역할을 해주기까지 한다. 이러한 친환경 속에서 태어난 오로토네스는 메론Melon(=무스까데 Muscadet) 100%에 손 수확 100%로 비오디나믹 100%의 자연 와인에서 느낄 수 있는 떼루아의 풍미와 특징을 고스란히 표현하고 있다.

푸른빛이 반사되는 투명한 황금색. 별 몇 개가 와인잔 속에서 동동 떠다니듯 수줍은 기포들을 눈으로 확인할 수 있다. 우아한 열대과일향과 감귤류향이 돋보인다. 서서히 서양배, 복숭아, 견과류향도 만나볼 수가 있고 중반부터 아몬드향이 선명하게 올라오면서 곁에서 풋풋한 청사과향도 보조를 맞춘다. 끝부분에서는 흰 후추향과 꿀 뉘앙스의 여운까지 느낄 수 있는 매우 복합적인 부케를 지녔다. 입안에 와 닿는 첫 느낌은 매우 유연하지만 한 모금 마시니 시원한 약수물이 목젖을 치고 내려갈 때 느끼는 그 찌릿함처럼 풍부한 미네랄의 풍미가 매우 인상적이며 생동감 넘치는 산도도 와인의 기품을 한층 상승시켜준다. 목 넘김 후에 느껴지는 이스트향과 미묘한 요오드 터치가 떼루아를 맘껏 표현하고 있다.

해물 리소토와 잘 어울리며, 역시 바다에서 온 모든 식재료와 좋은 친구가 되어준다.

VIN D'ALSACE
APPELLATION ALSACE CONTRÔLÉE
Domaine
MARCEL DEISS
RIESLING
2012
MIS EN BOUTEILLE AU DOMAINE
MARCEL DEISS & FILS VIGNERONS
À BERGHEIM - FRANCE
PRODUIT DE FRANCE

# 리슬링

Domaine Marcel Deisse
도멘 마르셀 데스

**A.O.C Riesling, Alsace. France**
리슬링, 알자스, 프랑스

알자스는 라인강을 경계로 동쪽으로는 독일, 남쪽으로는 스위스와 맞닿아 있는 곳이다. 다양한 토양에 맞게 포도 품종도 다양하며 특징과 개성이 다른 여러 성격의 화이트 와인 생산 지역으로 매우 유명한 곳이다.

물론 드라이한 화이트 와인이 대부분이지만, 늦은 수확Vendange tardive과 귀부화된 포도알 선별Selection de Grains Nobles이라는 두 스타일의 양조 방법으로, 알자스를 대표하는 매우 고급스러운 스위트 와인으로도 유명하다. 그리고 청량감이 뛰어난 스파클링 와인 크레멍 달자스(알자스 크레멍)Crémant d'Alsace도 부담 없이 마시기 좋으며 소량의 일반 와인으로 레드와 로제도 생산하고 있다.

그리고 프랑스는 원산지 이름을 따라 A.O.C=A.O.P라는 지리적 표시제를 명칭하는데 비해, 알자스 와인은 포도 품종 이름에 A.O.C=A.O.P 명칭이 정해진다. 라벨에 포도 품종이 쓰여져 있으며 물론 100% 단일 품종을 뜻한다. 품종마다 매력과 개성이 다르나 주로 산미와 풍미가 높은 것이 특징이다. 또 한 가지 특징은 유일하게 긴 목을 가진 병 모양만 봐도 한눈에 알자스 와인이라는 것을 알아볼 수 있다. 그리고 알자스 와인의 대표적인 품종인 리슬링, 게브르츠트라미너, 피노 그리, 무스카Muscat를 귀족 품종이라 칭하고 있다.

도멘 마르셀 데스는 1744년부터 현재까지 4대째 가족 경영으로 알자스의 중심부 베르하임Bergheim에 위치해 있는 와이너리다. 자연을 최대한 보존할 때 떼루아의 특징이 가장 많이 담긴 와인이 태어난다는 긍지심과 철학으로 재배, 양조하고 있으며 알자스 그랑 크뤼A.O.C Alsace Grand Cru도 생산하는 알자스 와인의 명가다.

푸른빛이 감도는 노란색. 레몬, 자몽 등의 감귤류향이 선뜻 다가서며 반긴다. 서서히 열리기 시작하면서 모과향과 꿀향 그리고 복숭아 향기가 달콤한 와인으로 착각하게 만든다. 고운 산미와 섬세한 미네랄향이 가득해 기분을 좋게 해주며, 시간이 지남에 따라 차츰 오렌지껍질향이 목줄기를 타고 올라온다. 여운을 남기며 서서히 멋진 피나레를 장식한다.

모든 해산물 요리나 튀김요리와 적절하게 어울린다.

## 와인과
## 친해지기

한동안 한국에도 와인 열풍이 불어닥친 적이 있다. 드라마나 영화에 등장하는 럭셔리한 와인 바, 와인을 소재로 한 만화와 단행본, 사교를 위해서라면 유명하고 값비싼 와인 리스트 정도는 알고 있어야 교양인으로 대우받는다는 편견이란 부작용까지 등장했다.
물론, 와인은 쉽지도 특별히 저렴하지도 않다. 하지만, 그렇다고 무조건 어렵고 비싼 것도 아니다.

이제 어느 정도는 와인에 대한 거품은 사라진 듯하다. 오히려 와인을 진심으로 좋아하는 사람들은 내 주변에 더 많이 생겨났다. 집 근처 마트에서 2~3만원 정도의 와인을 구입해 주말 식탁에서 가볍게 식구들과 와인 한잔 나누는 사람들, 더운 여름이면 과일을 넣은 상그리아를 만들어 먹는 센스와 여유, 때로는 근사한 데이트를 위해 조금은 무리해 평소 경험해보고 싶었던 와인을 준비하는 배려, 그리고 정말 특별한 날 터트리는 샹파뉴의 매력까지.

이 모든 것들은 와인은 배우는 것이 아닌 즐기는 것이라
는 마음이라면 가능한 것들이다. 그리고 이 경험들이 모
였을 때, 우리의 삶은 상상 이상의 즐거움으로 기억되고
추억될 수 있을 것이다.

예전에 '비즈니스와 와인'이라는 주제의 강의를 한 적이
있다. 와인에 대한 기본 상식과 올바른 와인 매너 등 나
름대로 강의 준비를 했다. 하지만 강의를 시작하는 순간,
강의실 안에는 무거운 긴장감이 몰려왔다. 대한민국 경제
를 이끌고 있는 기업 대표들 수십 명의 굳은 표정과 옷차
림 때문이었을까.

"이처럼 긴장된 강의는 처음입니다. 목도 타들어가고 앞
에 계신 여러분들의 모습도 모두 검은색으로만 보이는군
요. 아마도 여러분들의 딱딱한 복장 탓이 아닌가 합니다.
우선 꽉 조인 넥타이는 느슨히 풀어주시고 어두운 양복
상의도 벗으시면 어떨까요?"

그 순간, 호탕한 웃음소리와 함께 넥타이를 풀거나 상의를 벗어 의자에 걸어두는 분들의 모습이 눈에 들어왔다. 와인 한잔하고 강의하자는 농담 섞인 목소리도 들려왔다. 나는 서서히 긴장이 풀어지면서 편안하게 두 시간 가까운 시간을 일방적인 강의가 아닌 소통하는 시간으로 채울 수 있었다.

프랑스 사람이라고 모두 와인에 대해 해박한 지식이나 정보를 가지고 있는 것은 아니며 모두 와인을 즐기는 것도 아니다. 단지, 그들은 자기가 태어나고 자란 곳에 와인이라는 것이 흔하게 있다 보니 생활화된 것이고, 그러면서 각자 취향에 따라 자연스럽게 와인을 즐기게 된 것이다.

모든 것이 그렇듯이, 와인도 알고 마시면 더 쉽게 친해질 수 있는 건 사실이다 하지만 누구나 와인을 좋아하지 않는다. 와인과 가까워지는 데는 시간이 필요하다. 사람과 같다. 서두른다고 금세 절친이 될 수 없듯 와인 역시 마찬가지다.

서서히 시간이 흐르면서 좋아하게 되고, 좋아하는 와인이 하나 둘 생기게 되고, 차츰 친해지게 되는 것이다. 그리고 마침내 와인과 친구가 된다면, 평생 배신 따위는 하지 않는 그런 당신의 소중한 벗이 되어줄 거란 사실은 분명하다.

와인을 마셔라.
시를 마셔라.
순수를 마셔라.

◆

보들레르
Charles Baudelaire
(프랑스 시인)

ROBERT PARKER
88
pts
GRANDES S
2012
RHÔNE WINERY SINCE 1877
LE JAS DES BELLES
Côtes du Rhône Villages
·GRANDES SERRES·

# 르 쟈 데 벨

Grandes Serres,
그랑 세르

Cotes du Rhône Villages. Rhône. France
꼬뜨 디 론 빌라쥐, 론, 프랑스

프랑스 와인 중에서 대체적으로 우리나라 음식과 무난히 잘 어울리며 가격 대비 맛과 품질에 부족함이 없는 와인이 론 지방의 와인이다.

론에서도 개성 있고 매력적인 고가의 장기 숙성 가능한 와인들도 널리 알려져 있지만, 일반적인 와인들 중 꼬뜨 디 론 빌라쥐는 론의 남쪽 부분에 위치한 90개의 마을로 크게 형성되어 있으며 론 남부 기후인 북풍Mistral과 풍부한 일조량, 그리고 석회 점토질과 굵고 잔잔한 자갈들로 구성된 토양의 특징, 이 모든 요소들이 어우러져 론 지역의 남쪽 떼루아를 진솔하게 잘 표현하고 있다.

대체적으로 우리나라 음식의 자극성 있는 매콤함과 마늘로 양념된 음식들과 어울려도 기죽지 않고 와인과 음식의 상승효과를 아낌 없이 발휘하는 와인이다.

석류빛이 반사되는 진한 보라색, 농축된 검붉은 과일향과 가죽향에 뒤이어 매콤한 후추와 계피향이 개운하게 담겨져 있고 입안에서 느껴지는 차분하면서 뼈대가 느껴지는 질감, 그리고 점점 진득한 과일잼의 뉘앙스를 느끼게 하는 매력을 간직하고 있다. 옹골찬 타닌과 차분한 산도의 조화가 안정감 있는 균형을 이루며 론 지방의 특징인 생동감을 잘 표현해내고 있다.

삼겹살 구이나 돼지등갈비 바비큐와 동반하니 마치 편안하고 오래된 친구 같다.

WINE LIST
MONTGRAS
ANTU
MONTGRAS
ANTU
LIMITED
D.O. LEYDA  PINOT NOIR

# Antu Limited Pinot noir
## 안투 리미티드 피노 누아

Montgras
몽그라스

Leyda valley. Chile
레이다 밸리, 칠레

신비로운 프랑스 부르고뉴의 와인을 탄생시키는 피노 누아. 재배하기 까다롭기로 유명하고 무엇보다 선선한 기후에 적합한 품종이다. 바로 이 까다로운 품종이 칠레에 가서 닮은 듯 또 다른 피노 누아를 탄생시켰다.

마이포강 경계에 위치해 있는 포도밭은 굴곡 있는 언덕 모양의 충적토 토양에, 불과 약 12킬로미터 정도 떨어진 태평양 해안의 기후의 영향으로 밤에는 선선하다. 덕분에 한낮의 뜨거운 기운을 식혀가며 포도의 피로를 풀어주어 알알이 야무진 피노 누아를 영글게 한다. 안투Antu가 아메리카 마푸체 언어로 태양을 뜻하듯, 그 밝고 따듯함이 널리 퍼져나가는 기원이 담겨 있어 토닥토닥 위로받는 느낌의 와인이다. 오크통에서 16개월간 숙성 과정을 거쳤으며, 아무리 같은 품종이라고 해도 자란 곳이 다르니 생김새가 다른 것은 당연하지만 그 다름이 특징이고 매력임을 인정하게 만드는 그런 와인이다.

깊이 있는 루비색. 체리향과 장미꽃향이 은은히 피어오른다. 민트향과 계피향이 서서히 고개를 들더니 어느새 쌉쌀한 미네랄 터치가 다가와 조화롭게 어우러진다. 목 넘김 후에 와 닿는 바닐라향과 오크향, 끝맛에 살짝 느껴지는 달콤한 향들이 친근하게 다가오면서 다시 체리향이 도드라지게 등장한다. 입안에 담기는 질감은 부드럽게 시작해 어느 순간 가득 채워줘 즐겁게 한다. 도톰한 타닌과 흐름이 꾸준한 산도와 잘 어울려 매끄러운 목 넘김으로 이어지고 뒷맛이 풍부하며 산뜻하다.

생선회, 해물 파스타, 해물전, 육회와 좋은 마리아주를 이룬다.

## La Combe des Marchands
# 라 꼼브 데 막셩드

### Grandes Serres
그랑 세르

**A.O.C Gigondas. Rhône. France**
지공다스. 론. 프랑스

지공다스는 프랑스 남부의 론 지역에 위치해 있는 마을이다. 이곳의 덩텔 드 몽미라이Dentelles de Montmirail라는 바위 산맥 기슭의 비스듬하게 경사진 언덕에 위치해 있는 포도밭에서 자라는 포도가 이 와인의 주인공이다.

덩텔Dentelles이란 프랑스어로 레이스, 아름다운 웨딩드레스나 하늘하늘한 속옷에 쓰이는 소품의 일부분으로 알고 있는데 그렇다면 산이 얼마나 여성스럽고 화려한지를 상상하게 된다. 하지만 이러한 상상과는 달리, 실제로 막상 허옇게 송곳니를 드러낸 듯 회색빛 바위들이 삐죽삐죽 솟아 있는 모습이다. 프랑스 사람들은 이처럼 사실을 미화시키는 데 타고난 재주가 있는 것 같다.

사실 이곳에서 태어나는 지공다스 와인이 바위처럼 강인해 보이지만, 알고 보면 이처럼 하늘하늘한 감촉의 속살을 자랑하는 와인도 찾아보기 쉽지 않다. 10년 이상 장기 숙성도 물론이고, 한 해 한 해 성장하는 모습이 기특해 네 살을 넘기 시작하면 차분히 만남을 시도해도 무리가 없다.

그랑 세르 사는 1977년부터 와인 농사를 짓기 시작한 짧은 역사의 와이너리다. 하지만 론 지역에서 비약적인 발전과 함께 손 수확, 정제 및 필터링을 배제하는 등 자연적이고 순수한 와인을 만들기 위해 최선을 다하고 있다.

보라빛이 반사되는 체리의 붉은색, 입고 있는 옷 빛깔처럼 첫 향기도 잼처럼 달큰한 체리향이 활짝 반긴다. 숲 속을 거닐다 보면 만날 수 있는 촉촉한 이끼와 버섯, 나무향이 점잖게 배어 있으며, 매콤한 향신료와 올리브향까지 복합적이다. 매끈한 목 넘김 뒤에는 검붉은 베리류의 작은 알맹이들이 그대로 씹히는 듯하다. 잔미에서 느껴지는 감초향과 계피향이 개운하며 무엇보다 가장 큰 매력은 타닌과 산도의 절묘한 조화다. 가을이 제철인 향긋한 송이버섯과 안심을 담백하게 구워 함께하면 단순함 속에서 최상의 마리아주를 느낄 수 있다.

**49**

CARMEL ROAD
MONTEREY
PINOT NOIR | MONTEREY 2013
CERTIFIED SUSTAINABLE
CARMEL ROAD

# 카멜 로드 몬테레이 피노 누아

Jackson Family
잭슨 패밀리

Monterey County. California. U.S.A
몬터레이 카운티, 캘리포니아, 미국

피노 누아에 대한 고정관념을 가지고 있던 나에게 카멜 로드 몬테레이 피노 누아는 예상을 뒤로하고 시야를 넓혀주었다. 같은 품종이지만 태어나는 고향이 다르면 이처럼 또 다른 매력을 표현할 수 있다는 가능성을 보여준 와인이라고 평가하고 싶다. 뭐랄까, 미국인이 영어 억양으로 매끄러운 불어를 구사하는 듯한 느낌. 외국인이 한국어를 잘할 때 신기하고, 때론 나이와 성별에 불구하고 귀엽다는 표현을 하게 된다. 그리고 더 나아가 남의 나라의 말을 저 정도로 구사하기 위해 얼마나 많은 애를 썼을까, 라는 심정이 드는 기특한 마음! 바로 그런 마음이 느껴지는 와인이다.

카멜 로드 몬테레이 피노 누아는 캘리포니아의 와인 명가 잭슨 패밀리 사에서 만들었다. 와이너리는 캘리포니아 북부 해안 지역 소노마 카운티에 위치해 있다. 풍부한 일조량, 바다와 인접해 있는 위치 덕분에 선선한 바다 바람을 맞으면서 안정적인 산도와 당도를 지니게 되었다.

윤기가 흐르는 루비색. 검은 체리향처럼 붉은 베리향들이 서둘 듯 반기더니 어느새 훈제향과 부드러운 바닐라향이 동시에 등장하고 넉넉한 심호흡 한 번 하고 나니 수분을 머금은 듯 촉촉한 버섯과 흙향이 은은하게 피어오른다. 목 넘김 후에 느껴지는 달콤한 과일향들이 푸근하다. 따스한 곳에서 온 친구라 일반적으로 알고 있던 피노 누아의 산도보다 타닌의 영역이 더 느껴진다.

▶▶▶

어릴 적 부모님 곁에서 무심히 듣던 〈타향살이〉는 이북이 고향이신 아버지처럼 망향의 아픔을 가지신 분들이 애창하는 노래인 줄만 알고 있었는데, 언제부턴가 나도 모르게 따라 부르는 노래가 되었다. 이미 30년이 넘도록 머문 이곳 파리에서 마치 계약기간을 눈앞에 둔 전셋집에 살고 있는 느낌을 받는 건 무엇 때문인지 내 자신도 잘 알 수가 없다. 이제는 많은 기억들이 희미해졌지만 나의 뇌리에 저장된 85년도 전까지의 기억들은 지난날의 추억을 되돌아보기에 충분하다. 오늘 점심에 뭘 먹었는지는 잠시 고민해보면 떠오르지만, 어릴 적 스치며 들어두어 무의식 속 겹겹히 박혀 있는 노래 가사는 점점 더 선명해진다. 이는 비단 나의 기억력 때문이 아니라 가슴에 쌓인 그리움이 거름이 되어주지 않았나 싶다.

# 나는
파리에
살고 있다

1985년 8월 15일 태극기 휘날리던 광복절 날, 나는 사랑
하는 가족과 친구들의 배웅을 받으며 난생 처음 파리행
비행기에 올랐다. 그때는 지금과 달리 비행시간이 20시간
이나 되었고 직항은 아예 없었다. 그렇게 길고도 지루한
비행 속에서 쉬지 않고 나는 울었던 것 같다. 새로운 세계
에 대한 꿈과 호기심보다는 사랑하는 사람들과 헤어진다
는 슬픔이 너무나 컸기 때문이었다.

8월의 무더운 서울 날씨와 달리 내가 처음 만난 파리는
싸한 박하향을 닮아 있었다. 한국의 한여름에 출발했지
만 겨울 옷과 겨울 이불까지 들어 있는 내 몸집만한 이민
가방에 의지하면서 파리에 도착한 첫날밤을 싸구려 호텔
에서 지샜다.

패션 공부를 하기 위해 고지식한 아버지를 설득하고 설득해서 파리에 유학온 나는 파리 패션 학교 입학을 기다리는 중이었다. 하지만 어학 준비가 너무 안 되어 있던 나는 입학을 다음 해로 미루고 일 년 동안 프랑스어 공부를 해야 했다. 넉넉지 않은 집으로부터의 생활비 보조는 있었지만, 나도 틈틈이 식당 서빙, 베이비시터, 가정집 청소 같은 일을 하며 유학비를 충당했다. 하지만 그땐 젊었고 꿈이 있었기에 그 시간들이 그렇게 힘겹지만은 않았다. 하지만 졸업 후 멋진 디자이너가 되는 대신 파리에서 만난 프랑스 친구 중 한 사람과 사랑에 빠져버렸다. 그리고 네 아이를 낳고 기르며 살아온 지 어느새 삼십 년이 훌쩍 넘었다.

"혹시라도 너무 힘들게 하는 나쁜 남자다 싶으면 이거 팔아 비행기표 사서 돌아오거라."

결혼 초 어머니가 내 손에 한 냥짜리 순금 목걸이를 꼭
쥐어주시며 하신 말씀이다. 유학도 반대한 아버지에게 딸
이 프랑스 남자와 결혼을 한다는 건 얼마나 큰 충격이었
을지, 그때 일은 상상만으로도 가슴이 덜컹인다. 하지만
어머니의 그 걱정 가득한 말씀은 그냥 기우였을 뿐이다.

네 아이의 엄마로 정신없이 살며 내게는 가정이 가장 소
중한 울타리였다. 여섯 식구가 먹어치우는 음식 준비만으
로도 하루가 정신없을 정도로 바쁘게 흘러가기만 했다.
그러다 마흔을 넘겼을 때, 나는 와인이라는 친구를 만나
게 되었다.

느즈막히 만난 와인 덕분에 나는 새로운 삶을 살고 있다. 프랑스이기 때문에 가능한 정통 와인 공부를 시작했고, 와인전문학교에서 소믈리에, 컨설턴트 과정 등을 단계별로 이수했으며, 보르도에 있는 소믈리에 학교에서 한국에서 유학을 희망하는 한국 학생을 위한 담당자로 일해 달라는 제안을 받게 되었다. 단순히 학교를 홍보하고 소믈리에라는 직업을 설명하는 일이 아니라, 소믈리에 과정을 전공한 선배로서 미래 한국의 와인 시장을 이끌어갈 청년들을 만나고 그들에게 카운슬러가 되어줄 수 있다는 생각에 흔쾌히 수락했다. 와인을 만나고 나서 크고 작은 새로운 일들도 경험할 수 있었다. 파리와 한국의 대학, 문화센터 등의 강의와 매거진의 칼럼 기고도 제안받았다.

나는 파리에 산다. 이렇게 파리에 있을 때는 서울에 가고 싶어 몸살을 앓으면서도 막상 서울에 가서 그토록 신나고 좋아하는 일을 하며 사람들을 만나고 쉬지 않고 뛰어다니다 보면 다시 파리가 그리워진다. 서울을 향한 그리움은 나의 어쩔 수 없는 고질병이다. 하지만 지금처럼 앞으로도 나는 파리 근교 주택에서 나의 가족들과 살고 있을 것이다. 영원히 치유되지 않을 향수병을 안고 나는 아름다운 파리에 살고 있다.

CHATEAU
DE
CAZENEUVE
Le Roc des Mates
Pic Saint-Loup
CHATEAU
HAUT-BLANVILLE
LANGUEDOC
L'Élégante
2011

# Le Roc des Mates
## 르 록 데 마뜨

Château de Cazeneuve
샤또 드 까즈뇌브
Pic Saint Loup, Languedoc-Roussillon, France
픽 생 루, 렁그독-루시용, 프랑스

프랑스에서 가장 오래된 와인 역사를 간직한 최대 생산지이며 가장 다채로운 스타일의 와인을 생산하는 렁그독은 프랑스 최남단에 위치해 있다. 온화한 기온과 적절한 강수량의 겨울, 고온건조한 낮이 지나면 서늘한 바람이 불어주는 여름 날씨는 포도가 편안하게 잘 익어갈 수 있도록 한다. 이와 같은 지중해성 기후에 다양한 성질의 석회질과 점토질 그리고 사암, 편암, 역암 등이 모자이크를 형성한 토질은 수분을 적절히 흡수하고 분포하는 역할을 해줘 어느 상황에서도 포도나무가 스트레스를 받지 않고 자랄 수 있도록 도와주는 천혜의 떼루아를 자랑하는 와인 산지다.

렁그독 지역의 윗 부분에 위치한 픽 생 루는 13개의 마을을 포함하고 있으며 남프랑스 토착 품종으로 탁월한 여유가 넘치는 레드 와인과 약간의 로제 와인을 생산하는 지역이다.

픽 생 루 중심부에 위치한 샤또 드 까즈뇌브는 1987년 앙드레 리아르트<sup>André Leenhardt</sup>에 의해 재정비되었다. 전통을 지키되 현대적 방식을 적절하게 접목하여 최상의 와인을 합리적인 가격에 선사하고자 하는 철학과 열정을 가진 와이너리다.

정렬적인 진홍색빛. 체리와 블랙베리의 검붉은 과일향이 싱싱하게 달려오고 가죽향도 살짝 모습을 나타낸다. 곧이어 남불 지방 특징인 가시덤불향이 반갑다. 뒤따라 올라오는 후추의 매콤한 향과 감초향이 긴 여운을 남기고 고상한 오크향이 유연하게 잘 담겨져 있다. 묵직한 성격의 타닌과 화사한 산도의 밸런스도 안정감을 느끼게 하고 점차적으로 복합적인 풍미와 목 넘기기 전에 몇 번 씹어줘야 할 것 같은 두툼한 텍스처가 마음에 쏙 든다.

유기농법으로 재배된 포도로 정성스럽게 손 수확을 거쳐 전통방식으로 양조되어 18개월간 오크통에서 숙성된다. 약 8~10년 정도 보관이 가능하다.

L'Elégante Rouge
# 엘레강트 루즈

Château Haut Blanville
샤또 오 블랑빌

A.O.C Grés de Montpellier, Languedoc, France
그레 드 몽플리에, 렁그독, 프랑스

샤또 오 블랑빌 사이트에 들어가면 제일 먼저 눈에 들어오는 문구가 있다. '로프스 듸 떵L'Opus du Temps.' 시간의 작품, 즉 시간이 만들어낸 작품이라는 뜻이다. 이 문구 바로 옆에 커다란 모래시계가 쉼 없이 돌아가는 듯하다. 여기에는 이들의 깊고 심오한 철학이 담겨져 있다. 포도밭 구역 별로 정성스럽게 손 수확을 하며 각각 양조 후 12~36개월간 오크 숙성 과정을 거쳐 병입된다. 이처럼 서두르지 않고 인위적인 추가물이나 작업도 없이 그저 시간과 더불어 열정을 다하는 총괄 책임자 베르나르 니볼레와 이곳의 재무를 담당하는 그의 아내. 흰 머리가 멋스러워보이는 이 중년의 부부는 어디를 가나 함께 다니는 마치 실과 바늘과 같은 관계다.

샤또 오 블랑빌은 석회질과 자갈이 많은 매우 척박한 토양으로 포도나무 뿌리가 깊이 더 멀리 뻗어 내려가 한층 더 신선하고 풍부한 미네랄을 끌어올릴 수 있는 천혜의 포도밭에서 친환경 농법으로 치밀하고 엄격하게 생산되고 있다.

생동감 넘치는 짙은 루비색. 카시스향이 도드라진다. 체리와 딸기향도 느껴진다. 하얀 후추향과 가시덤불향이 서서히 모습을 드러내더니 모카향과 캐러멜향이 뒤따른다. 오크향도 튀지 않고 잔잔하다. 튼튼한 골격의 타닌과 섬세한 산도의 조화가 돋보이고, 입안에서 겹겹히 쌓이는 질감은 마시기보다 씹고 싶을 만큼 묵직하다. 물론 목 넘김이 유연한 지중해 와인답게 알코올 함량이 풍부하지만 전혀 부담스럽지 않게 잘 스며들어가 있다. 시라, 모르베드르Mourvedre, 그러나쉬, 가리녕Carigna, 남불의 토착 품종들이 사이좋게 어우러진 렁그독 와인의 탁월한 매력을 주저없이 표현하고 있다.

오리고기 가슴살을 촉촉하게 구워낸 후 산딸기와 꿀을 넣어 졸여낸 달콤 새콤한 소스를 뿌려 먹는 프랑스 요리 마그레 드 까나 오 험브와즈Magrets de canard aux Framboises와 함께하니 와인의 이름처럼 엘레강스한 분위기를 연출하는 데 만점이다.

FETZER
Valley Oaks
CABERNET SAUVIGNON
PIONEERS IN SUSTAINABILITY
ESTD 1968
CALIFORNIA 2017

## Cabernet Sauvignon Valley Oaks, Fetzer

# 까베르네 소비뇽 밸리 오크, 페처

Fetzer
페처

California, U.S.A
캘리포니아, 미국

자연적인 재배 방법이 살아 있는 땅이 포도나무에게 최상의 환경이라는 확고한 철학을 가지고 있는 페처 사는 자연에서 얻어지는 재생가능성 에너지로 필요한 에너지를 공급받으며 사용했던 물은 희석시켜 자연으로 되돌려 보내거나 재사용하는 친환경 농법으로 농사를 짓고 있다.

2016년도에는 '자연의 소리를 듣자'라는 새로운 프로젝트를 내세웠다. 이 프로젝트는 그들이 헌신적으로 가꾸고 보존하고 있는 자연의 소리에 귀 기울이자고 하는 취지였다. 그들이 전하고자 하는 메시지는 그들의 땅에서 자라고 있는 포도나무를 통해 자연을 가득 담은 와인을 우리에게 한번 더 각인시키고자 하는 노력이라고 보여진다.

이처럼 유기농 와인을 마시다 보면 친환경에 대한 관심과 노력을 새삼스레 한번 더 느끼게 된다. 그런데, 이 바람직함이 어느 한 농부, 한 농가만의 땀과 노력으로 이루어질 수 있는 것일까. 나 혼자 아무리 친환경으로 농사를 지으면 무엇 하나. 바로 옆에 있는 농가에서 화학 농약을 마구 뿌려댄다면 말이다. 그러니 농사를 짓는 사람들 모두, 도시에 사는 모두가 함께 움직이고 함께 가는 길이기를 바란다.

짙고 윤기 흐르는 자두색. 첫 순간부터 검붉은 베리향이 신나게 달려온다. 커피향도, 달콤하게 농익은 무화과향도 등장하고, 바닐라와 오크향도 충분히 느낄 수가 있다. 부드럽게 품고 있는 허브향과 후추향도 이 와인의 매력 중에 하나다. 목 넘김 후에 두드러지는 붉은 베리향들이 흥미롭고, 열리는 시간이 오래 걸리지 않아 편안하다. 타닌과 산도의 조화가 매끈한 질감으로 연결되면서 확실히 식욕을 돋구는 데 한몫을 한다.

소스가 있는 고기 요리. 우리나라 음식으로는 양념갈비찜 또는 매콤달콤한 제육볶음도 좋고 투박하게 돼지고기 몇 점 썰어넣고 끓힌 김치찌개와도 좋다. 물론 포크와 나이프를 꺼내고 싶으면 프랑스 음식 꼬꼬뱅(Coq au Vin : 닭을 레드 와인에 하룻밤 정도 재워두었다가 양파와 허브 등을 넣고 푹 고아 만들어 먹는 전통 음식)도 예외는 아니다.

2010
Moulin à Vent
Climat Champ de Cour
DOMAINE
RICHARD ROTTIERS

Climat Champ de Cour
# 클리마 셩 드 꾸르

Domaine Richard Rottiers
도멘 리차드 로티에

Moulin-à-Vent. Beaujolais. France
물랑 아 방, 보졸레, 프랑스

보졸레 크뤼 중에서 우리나라 말과 발음과 뜻이 흡사한 물랑 아 방 마을이 있다. 얼핏 들으면 물레 방아처럼 들리기도 하는데, 풍차라는 뜻을 지니고 있다. 물론 이곳에는 마을을 상징하는 200년 가까이 되는 풍차가 아직도 존재하고 있다. 그리고 이곳의 와인이 보졸레 와인의 왕이라고 불리우는 이유는 화강암 토양과 온화한 대륙성 기후의 영향을 받아 장기 숙성이 가능하며(10년 이상) 숙성된 시간만큼 고급스러운 향과 잘 다듬어진 질감을 차분하게 잘 표현하기 때문이다. 더욱이 이 클리마 셩 드 꾸르는 1헥타르도 채 되지 않는 포도밭에 자리 잡고 있는, 수령이 오래된 포도나무에서 수확한 포도로 양조하여 약 10개월간 오크 숙성 과정 후 필터 작업 없이 가능한 자연과 닮은 와인, 유일한 와인을 만들고자 하는 농부의 결과물이다. 물랑 아 방 지역에서도 도멘 리차드 로티어 사는 2012년부터 유기농법으로 엄격한 재배, 양조 과정을 통해 품질이 우수한 와인 생산사로 인정받고 있으며, 시간이 지날수록 점차 우아한 부르고뉴의 피노 누아와 흡사한 아로마를 느낄 수 있는 특징을 지니고 있다.

윤기 흐르는 진홍색, 한여름에 잘 익은 딸기향과 체리향으로 친근하게 문을 열면서 붉은 베리류향들로 부드럽게 시작한다. 또한 과하지 않은 가죽 뉘앙스와 흙내음이 조화를 이룬다. 기대했던 대로 중반부부터 피어오르는 보라꽃향과 달콤한 바닐라향이 향긋하다. 입안에서 느껴지는 계피향과 깔끔한 미네랄 풍미가 혀를 기분좋게 자극하고, 무엇보다 섬세한 타닌과 고운 산도의 조화가 낳은 절묘한 균형감과 질감에 찬사를 보내지 않을 수 없다.

ARMADOR
ESTATE SELECTION
THE NAME ARMADOR IS THE
SPANISH WORD FOR "SHIPOWNER",
A REFERENCE TO THE ODFJELL
FAMILY'S MARITIME TRADITIONS.
VALLE DEL MAIPO, CHILE
CABERNET SAUVIGNON
2014
ODFJELL

# 아르마도르 까베르네 소비뇽

Odfjell
오드펠

Maipo Valley, Chile
마이포 밸리, 칠레

신세계 와인 중에서도 대표적인 칠레 와인의 강점은 부담 없는 가격에 비해 맛과 품질이 우수하다는 점이다. 프랑스 보르도 출신 양조자들에 의해 많이 발전한 덕분에 프랑스 토착 품종들도 자리를 잡고 있는데 그중에서도 보르도를 대표하는 품종 까베르네 소비뇽은 매우 많이 흡사한 사촌과도 같은 닮은꼴이다. 바로 이 친구가 칠레에 이민을 가서 어떤 모습으로 새롭게 태어났을지 흥미로움과 호기심이 가득했다. 이 와인에서는 프랑스 보르도 스타일을 느낄 수 있지만, 칠레 와인 특유의 농익은 달콤한 과일향을 정열적으로 더 많이 표현해내고 있으며 또한 견고한 질감도 담고 있다. 오드펠 사는 노르웨이에서 해상운송업으로 큰 성공을 거둔 가문답게, 라벨에 노르웨이 말과 바다의 이미지를 더했다. 한국 사람인 나의 눈에는 하늘로 치솟고 있는 역동적이고 진취적인 용의 모습으로 보여 매우 인상적이다. 칠레의 전통적인 와인 명산지 마이포 밸리는 칠레의 대표적인 와인 생산자이며 칠레 와인 산업의 시발점이라고 볼 수 있는 약 150년간의 역사를 지닌 지역이다. 이곳에서도 오드펠 사는 섬세하고 유니크한 와인, 그리고 자연 그대로의 순수함을 닮은 와인을 만들고자 정성어린 손길로 포도밭을 아끼는 유기농 와이너리다.

충적토 토양의 해발 405미터 높이에서 자라는 이 와인의 포도는 낮의 뜨거운 기온과 건조함 그리고 밤에는 시원한 해풍으로 균형감을 유지하며 자란다. 아르마도르는 강건한 까베르네 소비뇽의 근본을 잃지 않은 똑 부러지는 성격의 와인이다.

나이가 들수록 돌아가고 싶은 마음은 내 얼굴에 생기는 주름만큼 점점 더 선명해진다. 이 바람은 비단 꿈이라기보다 태어나고 자란 곳으로 되돌아가고자 하는 귀소 본능일 거다. 어느 날 우연히 친정 이웃 동네인 성북동 북정마을에 발길이 닿게 되었다. 전생이 있었다면 이런 느낌일까. 전혀 낯설지 않은 곳, 오랜 세월의 흔적이 묻어나는 집들이 옹기종기 모여 있는 모습이 정겹고 아늑하다. 이곳 골목을 여유있게 기웃거리다 보면 만해 한용운 시인의 옛 거처였던 단아한 한옥 앞에 발길이 머물곤 한다. 어느 날 혹시라도 전망이 확 트인 산자락에 자그마한 내 서울 집 하나 마련할 수 있다면 참 좋겠다. 혹시라도 그런 날이 오면 칠레에 이민 가 씩씩하게 잘 살고 있는 이 친구 아르마도르 까베르네 소비뇽과 손쉽게 준비할 수 있는 김치전을 준비해보고 싶다.

와인은 슬픈 사람을 기쁘게 하고,

오래된 것을 새롭게 하고,

살아 있는 영감을 주는 동시에

일상의 피곤함을 잊게 한다.

◆

바이런
Baron Byron
(영국의 낭만파 시인)

# Les Meysonniers
# 레 메조니에

M. Chapoutier
엠 샤푸티에

A.O.C Crozes-Hermitage, Rhône, France
크로즈 에르미따쥐, 론, 프랑스

중후하고 매혹적인 와인으로 유명한 에르미따쥐 A.O.C Hermitage 와인이 그립지만 쉽게 손이 갈수 없는 가격 때문에 주저될 때는 이웃사촌인 크로즈 에르미따쥐로 맘을 주는 것도 좋은 방법이다. 재배 면적이 그리 넓지 않은 에르미따쥬는 가격이 높을 수 밖에 없지만, 비교적 론 북쪽 지역에서는 가장 넓은 면적으로 토양의 특성을 최대한 살려낸 크로즈 에르미따쥐는 가격 대비 좋은 만족도를 매번 안겨주는 착실한 와인이다. 장기 숙성을 하지 않아도 부담 없이 마실 수 있고, 5년 이상 더 쉽게 한 후 마셔도 또 다른 매력을 느낄 수 있다.

프랑스 최대 규모의 유기농 와인 생산사이며 론 지방에서 질적으로나 양적으로도 독보적인 존재인 엠 샤푸티에 사에서 태어난 레 메조니에는 남쪽을 바라보며 살짝 경사진 언덕에 위치해 있는 점토질 토양에 자갈과 조약돌이 섞여 있는 밭에서 최소 25년 이상 된 북부 론이 고향인 시라 품종 100%로 빚어졌다.

보라빛이 도는 강렬한 붉은색. 카시스와 같이 붉은 베리향과 우리에게 친숙한 딸기와 체리향과 무화과향이 잔잔하게 피어오르고 특히 보라꽃향이 우아하게 잘 배어 있다. 서서히 열리기 시작하면서 고소한 아몬드향과 감초향에 바닐라향도 기분 좋게 담겨 있다. 목 넘김이 편안한 걸 보니 역시 잘 녹아든 타닌과 산도가 사이좋게 융화되어 있음을 실감한다. 잔잔히 여운을 남기는 끝맛에도 기분이 좋다. 요란스럽지 않고 누구나 쉽고 기분 좋게 마시기 편안한 맛이다.

노래를 잘 부르고 잘 만들기도 하는 다재다능함을 두루 지닌 예술가가 한두 명은 아니겠지만, 그중에서도 그가 만든 노래로 더 유명한 작곡가 신재홍. 직접 부른 노래들은 그리 많이 알려지지 않았지만 나처럼 아직도 그를 기억하는 사람은 있을 것 같다.

삶의 경험을 음악에 온전히 옮겨 담을 수 있는 재능을 지닌 그가 가수 생활을 계속 했었더라면 참 좋았을 거라는 아쉬움이 있다. 그가 직접 부른 노래 중에서도 여름 하늘과 가을 하늘이 반쪽씩 포개진 이즈음이면 듣고 싶어지는 노래. 재즈 스타일의 〈비의 추억〉은 내게 와인을 떠올리게 한다.

Quatro

# 콰트로

Montgras
몽그라스

Colchagua Valley. Chile
콜차구아 밸리, 칠레

처음 이 와인의 라벨을 봤을 때 나는 〈어린 왕자〉의 바람에 휘날리는 긴 머플러를 떠올렸다. 알록달록한 네 가지의 색은 네 가지의 품종을 표현한다. 해마다 네 가지 색으로 모양이 다른데 이것은 네 가지 품종과 그 블랜딩 비율을 재미있게 표현한 것이다. 그리고 이름이 스페인어로 4를 뜻하듯 프랑스 보르도 태생인 까베르네 소비뇽, 까르미네르, 말벡과 남불 지방의 시라, 이렇게 네 가지의 품종이 사이좋게 한데 모여 또 다른 뜻밖의 기쁨을 맛보게 해준다.

그라스 가문의 두 형제가 합심해 1993년 칠레의 콜차구아 밸리에 와이너리를 세웠다. 몽그라스라는 이름은 포도밭 뒤에 병풍처럼 펼쳐진 산과 형제의 성을 조합해 만들었으며, 짧은 역사에도 불구하고 칠레 와이너리 TOP 10에 선정될 정도로 매우 빠르게 성장하고 있다.

윤기 흐르는 짙은 자주색, 잘 익은 서양 자두향과 초콜릿향이 친근하다. 은은히 담겨 있는 제비꽃향과 후추향도 기분 좋고, 베리류 열매향들이 자연스럽게 담겨 있다. 편안하게 공기와 접촉을 하니 오크향과 바닐라향이 선명해지면서 목 넘김 후에는 감초향과 볶은 커피향, 고소한 헤이즐넛향까지 매우 풍부한 잔향들로 향기만 맡아도 배가 부르는 듯하다.

잘 녹아 스며든 타닌도 입안을 푹신하게 해주지만 산도의 깊이도 어느 음식이 곁에 와도 잘 맞춰줄 거라는 믿음을 준다.

# 보졸레Beaujolais

부르고뉴 와인 생산 지역에 속해 있으나 재배되는 품종이 같지 않아 달리 인식되고 있는 보졸레와인. 레드 와인은 단일 품종 가메 누아다. 보졸레 와인은 섬세한 타닌과 풍부한 과일향이 담긴 신선한 맛이 특징이다. 이 덕분에 영할 때 마시면 싱싱한 매력을 발산하지만 무엇보다 장기 숙성의 잠재력이 있다.

보졸레의 가장 윗 지역부터 차례대로 마을명을 표기한 10종의 크뤼 디 보졸레Crus du Beaujolai는 모두 레드 와인으로, 풍부한 과일향과 신선한 매력을 지닌 보졸레의 보석들이다.

Juliénas / Saint-Amour / Chénas / Moulin-à-Vent / Fleurie

Chiroubles / Morgon / Régnié / Côte-de-Brouilly / Brouilly

그리고 주로 남단에 위치해 있는 보졸레 빌라쥐A.O.C Beaujolais village 와 보졸레A.O.C Beaujolais는 일상주로 편안하게 즐길 수 있어 좋다.

이곳에는 총 12 A.O.C=A.O.P(Appellations d'Origine Protégée) 아펠라시용이 있다. 그리고 햇와인으로 유명한 보졸레 누보Beaujolais Nouveau는 보졸레 빌라쥐, 보졸레에서만 생산되며, 9월 말부터 10월 초에 수확한 포도로 담근 햇와인을 그해 11월 세 번째 목요일에 출시한다. 보졸레 누보는 가능한 그해 겨울 내에 마시는 것이 좋다.

이외에도 소량의 화이트 와인, 로제 와인과 스파클링 와인을 생산하고 있다.

# Escudo Rojo
# 에스쿠도 로호

Baron Philippe de Rothschild Maipo Chile
바롱 필립 드 로칠드 마이포 칠레

Maipo Valley, Chile
마이포 밸리, 칠레

프랑스 보르도에서 세계적인 와인을 만드는 바롱 필립 드 로칠드 사는 천혜의 자원을 가진 칠레에서 1997년 바롱 필립 드 로칠드 마이포 칠레라는 자회사를 세웠다. 여기에 프랑스에서 온 품종과 칠레 품종을 보르도 양조 방식을 통해 환상적으로 빚어내 누구나 부담 없이 즐길 수 있는 와인을 만들고자 했다. 이 열망이 담긴 와인이 바로 에스쿠도 로호다. 부드러움과 유연성 있는 까베르네 소비뇽과 복합적인 향들을 담고 있는 까르메네르, 그리고 세련된 시라의 조화가 어우러져 뛰어난 구조감과 농축된 맛을 주저 없이 표현하고 있다.

매우 정열적인 붉은 루비색. 잘 익은 카시스, 블루베리 등 검붉은 열매향들이 달콤하게 반기며 매콤한 향신료향들도 서서히 활기를 편다. 더불어 잔잔한 오크향과 진한 에스프레소향도 느껴지고 무엇보다 입안 전체에 골고루 녹아든 타닌과 야무진 산도의 균형감이 매우 만족스럽다. 여기에 풍부한 질감마저 진수성찬을 마주한 듯 자꾸 손이 가게 하는 와인이다. 프랑스 보르도 와인의 이종사촌다운 풍미도 지니고 있지만 역시 칠레 와인의 뜨거움과 신선함이 돋보이는 생생한 와인이라는 느낌을 받았다.
이런 친구는 어떤 음식과도 무난하지만, 특히 돼지 등갈비찜과 잘 어울린다.

# La Ciboise Red

# 라 시부아즈 레드

M. Chapoutier
엠 샤푸티에

A.O.C Luberon, Rhône, France
뤼베롱, 론, 프랑스

엠 샤푸티에 사는 프랑스 론 지역에서 최고의 와인 생산사이자 유기농 와인과 시각 장애인들을 위해 라벨에 점자 표시를 시작한 것으로도 유명하다. 브랜드만 믿고 마셔도 실망하는 일이 없다는 찬사를 받고 있으며 최고급 와인에서부터 일반적인 와인에 이르기까지 60여 종을 생산하고 있고 론을 비롯해 알자스와 렁그독 지방 등에서도 생산하고 있다. 또한, 호주와 포르투갈에서도 와인을 생산하고 있는 명성 높은 생산사다. A.O.C 뤼베롱은 론의 남쪽 끝부분에 위치해 있으며, 이 지역에서 나는 와인은 비록 널리 알려지지는 않았지만 편안하고 소박함이 담겨 있다. 도리어 쉽게 구할 수 없는 아쉬움을 남긴다.

윤기 흐르는 석류색. 향긋한 산딸기향과 까시스향, 그리고 깔끔한 계피와 감초향이 두루 잘 담겨 있으며 말린 자두향과 캐러멜향까지 맛깔나게 어우러져 풍부한 하모니를 이룬다. 혀에 와 닿는 쌉싸래한 타닌이 표현력이 풍부한 젊은이처럼 당당하게 느껴져 좋다. 양질의 산도 덕분에 와 닿는 잔미가 개운하다.
스파게티, 피자와 와인의 조화에 대해 말하는 것은 어렵지 않게 접할 수 있는 반면, 소박한 짜장면이나 김치부침과 와인의 조화를 듣기가 쉽지 않은데, 이번 기회에 한번 시도해보길 권한다.

## 마리아주는
## 남자와 여자의
## 조화 같은 것

영어로 결혼을 웨딩이라고도 하고 매리지라고 한다면, 신
랑 신부가 서로를 위하고 아름답게 서로 비춰주는 의미에
서 와인과 어울리는 음식을 결혼이라는 의미의 프랑스어
마리아주mariage라고 한다.

이처럼 와인과 음식의 관계는 한 쌍의 남녀와도 같다. 닮
은 듯하면서도 다르고, 다른 것 같지만 어느새 닮아가는
것. 부족한 구석을 감싸 안아주고 상대의 아름다운 부분
을 더 드러내 보여주는 조화와 균형처럼, 와인과 음식도
상반된 성격이 잘 맞는 듯하면서 닮은 면이 있을 때 더
환상적인 궁합을 이룬다.

예를 들면, 상큼하고 신맛이 있는 화이트 와인은 전, 잡채, 치즈와 같이 기름진 음식을 개운하고 담백하게 해주는 역할을 한다. 그리고 타닌이 있는 레드 와인은 입안에서 씹고 또 씹히는 육질을 더 고소하고 부드럽게 해주기 때문에 붉은 고기류와 잘 어울린다. 그리고 달콤한 와인은 양념이 된 불고기, 돼지갈비와도 잘 맞고 달콤한 디저트와도 잘 어울린다.

우리는 대개 생선과 화이트 와인, 고기와 레드 와인이 잘 어울린다고 알고 있다. 물론 틀린 생각은 아니다. 하지만, 이것이 절대적인 것은 아니다. 만약 우리나라 생선회 같은 경우 매콤한 초고추장에 찍어 먹는 경우가 많다. 이럴 때는 레드 와인 중에서도 타닌이 덜하고 산도가 높은 피노 누아 품종으로 만든 와인이 적합하다. 물론 생선회에 곁들여 나오는 생마늘이나 풋고추는 멀찌감치 밀어두는 것이 와인과 생선회의 마리아주를 제대로 즐길 수 있는 방법이다.

와인 하면 무조건 치즈 플레이트만을 떠올리기보다는 우
리 백설기나 경단도 화이트 와인과 함께하면 썩 잘 어울
린다. 레드 와인은 초콜릿, 그리고 밤과 잣이 들어 있는
약식과도 환상적인 조화를 이룬다. 또한, 한식과 와인의
마리아주를 염두에 둔다면, 아주 뜨거운 음식이나 매운
음식은 피해야 한다. 이렇게 몇 가지만 주의한다면 한식
과 무난히 조화를 이루는 와인이 더 많은 사람들에게 사
랑받을 수 있을 것이다.

사람들의 입맛과 취향은 모두 다르다. 다른 사람의 의견
을 무조건 따르기보다는 자신의 취향대로 끌리는 와인과
함께하고픈 음식을 함께 즐기면 된다. 계절에 따라서도,
날씨에 따라서도, 같이 먹는 친구나 분위기에 따라서도
와인의 맛은 다르다.

마리아주를 상상한다면, 어느 정도의 유연한 틀 속에서
그때그때 자유롭게 시도해보는 것도 때로는 멋진 경험이
될지도 모른다. '아, 그에게 지금까지 내가 몰랐던 그런 매
력이 있었던 거야?' 하면서 말이다.

Carnet
de
dégustation
CHÂTEAU
HAUT-MAURAC
CRU BOURGEOIS
MÉDOC
2011
PRODUIT DE FRANCE

# Château Haut-Maurac
# 샤또 오-모락

Cru Bourgeois
크뤼 부르조아 등급

Médoc, Bordeaux. France
메독, 보르도, 프랑스

남프랑스의 루시용 지방 모리A.O.C Maury 의 뱅 두 나뛰렐Vin doux naturel(VDN). 남프랑스 주정강화주의 대표 와이너리로 매우 유명한 마스 아미엘Mas Amiel의 주인인 올리비에 드셀은 보르도 와인에도 입문을 한다. 우여곡절이 많은 와이너리를 하나씩 인수하면서도 그는 누구보다도 포도밭의 숨은 잠재력을 믿었고 그만큼 그는 혼신의 힘을 다한 결과를 이제는 확실히 인정받기 시작하고 있는 생 떼밀리옹에 샤또 정 훠Château Jean Faure(Grand Cru Classe), 프롱삭Fonsac에 샤또 오-발레Château Haut-Ballet, 샤또 오-모락의 주인이자 농부이고 비즈니스맨이다.

그중에서도 여기에 소개하는 샤또 오-모락은 군더더기 없이 깔끔한 짜임새가 돋보이는 전형적인 메독 와인의 특징을 잘 표현하고 있다. 물론 인내심이 있다면 10년 정도 보관도 가능하지만 역시 메독 와인의 젊음을 매력 포인트로 느끼고 싶다면 5년 내에 마셔도 충분히 만족감을 맛볼 수 있다.

영롱한 진홍색, 강렬한 블랙베리와 카시스향, 그리고 매콤한 향신료향들이 활짝 반기더니 뒤이어 점잖게 오크향도 박자를 맞춘다. 시간이 얼마 지나지 않아 초콜릿향과 흑설탕향도 열리고 바닐라향도 변함없이 등장한다. 여기에 매콤한 후추향도 간을 맞춘다. 차분하면서도 지속적으로 느껴지는 세련된 질감이 중심을 확실하게 잡아주고 있으며, 섬세하게 이어지는 잔미가 만족스럽다.

고민할 필요도 없이 돼지고기 한 점 구워 곁들이니, 덕분에 또 더없이 행복하다.

# 크뤼 부르조아 디 메독<sub></sub>Cru Bourgeois du Médoc

크뤼 부르조아Cru Bourgeois 등급은 보르도 메독 지역에 속해 있는 8개의 A.O.C : M doc, Haut-M doc, Listrac-M doc, Moulis en M doc, Margaux, saint-Julien, pauillac, Saint-Est phe 지역이 포함되어 있으며 2013년 발표된 리스트에는 단일 등급 체제의 251개의 샤또(와이너리)들이 속해 있다. 가격 대비 높은 품질과 맛있는 보르도 메독 와인을 마시고자 하는 애호가들에게 알찬 지침표 역할을 하고 있는 등급이다.

예로 샤또 이름은 확실히 기억하지는 못해도 크뤼 부르조아 등급만 믿고 구입해도 대부분이 만족하는 결과를 가져다줄 정도로 권위와 신뢰가 있다. 물론 행복하게도 각 샤또마다 그 특징과 매력은 다르다. 가격의 폭도 넓지만 역시 가격 대비 매우 실속 있는 와인들이어서 선물하거나, 손님을 초대했을 때 성의를 표시하기에도 기품 있는 적합한 와인들이다. 물론 맹신할 필요는 없지만 투자한 가격에 비해 적지 않은 만족감을 가져다주는 등급임을 경험해보길 바란다.

MICHEL
LYNCH
2014
BORDEAUX
Merlot · Cabernet Sauvignon
GRAND VIN DE BORDEAUX
PRODUCE OF FRANCE

## Michel Lynch Merlot Cabernet Sauvignon
# 미쉘 린치 메를로 까베르네 소비뇽

Michel Lynch - Jean Michel Cazes
미쉘 린치-정 미쉘 까즈
Bordeaux, France
보르도, 프랑스

라벨에 와인 이름과 고향 그리고 품종까지 한눈에 들어오는 친절한 와인이다. 그리고 검은색과 흰색으로 디자인한 깔끔한 라벨도 기억하기에 좋다.

자주 먹는 와인이나 뇌리에 야무지게 파고든 감동적인 와인이 아니고는 당연히 수많은 와인 이름을 외우는 게 가능하지도 않지만 더욱이 내가 마시는 와인이 어느 품종으로 만들어졌는지를 알고 마시는 것은 웬만한 관심이 아니면 쉬운 일은 아니다.

보르도의 와인은 크게 갸론강을 중심으로 좌안쪽과 우안쪽으로 나뉘는데, 미쉘 린치는 좌안쪽의 풍부함과 우안쪽의 유연함이 어울려 식감을 편안하게 채워준다. 보르도의 그렁 크뤼 클라쎄Grand Cru Classe 등급에 속해 있는 세계적으로 유명한 샤또 린치 바쥐Château Lynch Bages에서 생산하는 이 와인은 우리의 소소한 일상을 채우기 위한 친구 같은 다정한 존재감을 발휘한다.

멀리 계신 부모님이 오늘도 편안하시고 출근했던 남편이 귀가해 나와 저녁 식사를 함께 나누고, 밤늦게까지 놀다가도 제각기 자기 자리를 찾아 들어오는 아이들의 모습, 이 모든 것들이 감사한 일상이다. 특별한 날, 특별한 순간보다 평범한 하루하루가 더 소중하게 느껴지는 날 마시기 좋은 와인이다.

윤기나는 석류색. 생동감 있는 붉은 과일향들이 옹기종기 모여 있고, 갓 구워낸 고소한 바게트 냄새, 코 끝을 살짝 자극하는 매콤한 스파이스향들이 뿜낸다. 그리고 나서 익숙한 커피향과 달달한 캐러멜향으로 이어진다. 입안에 담기는 질감도 마음껏 매력을 발산하며 타닌과 산도의 균형감 덕분에 감칠맛을 느끼게 한다.

꽃소금을 간간하게 뿌려 구워낸 안심구이도 좋고, 허브를 뿌려 구워낸 양고기, 또는 고소한 빵에 살짝 얹혀 있는 까망베르 치즈와도 잘 어울린다.

# Scaia
# 스까이아

San't Anotonio
산 안토니오
Veneto, Italy
베네토, 이탈리아

그리스에는 술의 신 디오니소스Dionysos가 있었고, 로마에는 술의 신 바쿠스Bacchus가 있었다고 한다. 그런데 근대에 와서는 디오니소스의 무심함 때문인지 그리스의 와인은 로컬 수준에 머물러 있는 상황인 반면 이태리는 바쿠스의 은총이 있어서일까. 세계에서 가장 많은 양의 와인을 생산하는 것뿐만 아니라 우수한 품질의 와인과 다양한 특징의 맛을 자랑하는 명성 높은 와인을 생산하고 있다.

이태리의 북부에 위치해 있는 베네토는 바다와도 가깝고 구릉지 지역이라서 와인 산지로 유명하지만 관광지로도 많이 알려져 있다. 이태리의 토착 품종 중에서도 꼬르비나Corvina 품종은 풍미와 당도가 풍부하고 밸런스와 구조가 좋은 와인을 낳게 하는 데 중요한 역할을 한다. 여기에 포도 껍질이 두터운 덕분에 와인의 고급스러운 검붉은 색을 띠게 하는 데도 큰 역할을 한다. 스까이아는 해발 200~300미터에서 자란 꼬르비나 품종으로, 포도나무 당 한정된 양으로 엄격하게 생산하고 있다. 더구나 꼬르비나 100% 단일 품종으로 빚은 와인은 찾아보기 쉽지 않은 만큼 매우 독특한 와인이다.

검붉은색에 여운이 도는 짙은 보라색. 한여름의 장미꽃향이 우아하게 피어오르고 농익은 자두와 산딸기잼향까지 달큰하니 한입 베어 물고 싶은 충동을 일으킨다. 서서히 열리면서 고소한 호두와 아몬드향이 곧 뒤따라오고 살짝 느껴지는 향신료향에 비해 바닐라향과 캐러멜향이 제법 길게 느껴진다. 타닌과 산도도 사이가 좋아 안정감을 느낄 수 있고 입안에 닿는 풍미는 넉넉하면서도 목 넘김이 유연하다. 품종 자체가 개성이 넘쳐서인지 스타일리시한 이태리 남자를 보는 듯하다.

이태리 와인이지만 스페인의 해물 요리 빠에야와 궁합이 잘 맞는 포용력이 있는 와인이다.

최근에 본 영화는 뚜렷한 기억이 별로 없는데 도리어 언제인지 모를 정도로 오래 전 본 흑백영화가 어젯밤 꿈처럼 장면 장면 떠오를 때가 있다. 바로 이태리 영화 중에서도 〈해바라기〉. 소피아 로렌Sophia Loren의 넋이 나간 듯했고 때론 너무 슬퍼 보였던 깊고 큰 눈, 그리고 끝없이 펼쳐진 노란 해바라기밭의 지평선. 여기에 주제곡이 잔잔하게 흐른다. 나도 모른다. 아직도 이태리 하면 왜 이 영화의 몇몇 장면이 아른거리고 주제곡이 내 귓가에 흐르는지…. 스까이아를 마시며 빛 바랜 기억 속의 옛 영화 한 편 펼쳐봐야겠다.

와인을 맛볼 줄 아는 사람은,
와인을 마시는 것이 아니라
와인의 비밀을 맛보는 사람이다.

살바도르 달리
Salvador Dali
(스페인 화가)

PÈPPOLI
CHIANTI CLASSICO
2014
ANTINORI

# 페폴리 키안티 클라시코

### Antinori
안티노리

**Toscana. Italy**
토스카나. 이탈리아

토스카나는 이태리 중부에 위치해 있으며, 역시 토스카나의 중심부라고 할 수 있는 지역이 키안티 클라시코다. 바로 이 키안티 클라시코 지역에 자리 잡은 페폴리 포도원을 안티노리 사의 600주년을 기념하기 위해 매입했다. 이 포도밭에서 태어난 페폴리 키안티 클라시코에서는 전형적인 토스카나 와인의 특징을 주저없이 표현한 열정적이고 정확한 골격이 느껴진다.

이태리 와인의 훌륭한 맛과 잠재력을 전 세계에 알린 안티노리 사는 650년 가까이 26대째 한 세대도 건너뜀이 없이 전통과 열정을 이어오고 있다. 그리고 쉼 없는 연구와 실험을 바탕으로 거듭 발전하고 있는 이태리 와인의 명가다.

깊고 짙은 루비색. 향긋한 체리향의 뒤를 이어 특유의 화사한 장미와 제비꽃 향기가 넉넉하게 피어오른다. 잘 익은 서양자두잼향도 달달하니 식욕을 불러 일으킨다. 중반부부터 서서히 향신료향, 바닐라향, 초콜릿향이 확연하게 느껴진다. 타닌과 산도가 자연스럽게 융화되어 편안한 밸런스를 느끼게 한다. 매끄럽게 혀를 감싸는 풍미, 그리고 끝맛에서 다시 한 번 더 강하게 느낄 수 있는 붉은 과일향의 달콤함이 인상 깊다. 이태리 와인에서 빠질 수 없는 토착 품종 산지오베제가 90%, 그리고 메를로와 시라가 살짝 감미되었으며, 일상 와인으로 어느 음식과 짝을 맺어줘도 낯을 가리지 않고 쉽게 가까워질 수 있는 무난한 성격을 가진 와인이다.

특히 토스카나는 토마토와 올리브가 많이 자라나는 곳이다. 올리브오일과 토마토소스가 들어간 파스타와의 궁합은 이태리 토스카나 전통 음식과 와인의 맛을 느껴볼 수 있는 좋은 기회가 될 것이다.

Baron Nathaniel
PAUILLAC
APPELLATION PAUILLAC CONTRÔLÉE
2011
BARON PHILIPPE DE ROTHSCHILD

# Baron Nathaniel

# 바롱 나따니엘

Baron Philippe de Rothschild
바롱 필립 드 로칠드

A.O.C Pauillac, Bordeaux, France
뽀이약, 보르도, 프랑스

바롱 필립 드 로칠드. 이름만 들어도 귀가 번쩍 뜨이게 하는, 세계적으로 유명한 샤또 무똥 로칠드 Château Mouton Rochschild를 있게 한 와이너리에서 나름 저렴하고 품질 좋은 와인으로 우리를 찾아주었다. 라벨에 있는 초상화의 바롱 나따니엘은 로칠드 1세대이자 당대 최고 부자인 나떵 로칠드Nathan Rothschild의 막내아들이다.

1853년 샤또 무똥 로칠드 사를 매입하여 현재까지 세계적인 와인 가문으로 그 자손들이 훌륭하게 키워오고 있는 유명한 와이너리다. 이 바롱 나다니엘 와인은 가문을 빛낸 조상들에게 존경과 감사를 표하기 위해 생산한 헌정 와인이다.

윤기 흐르는 진붉은색. 농익은 붉은 베리향과 보라꽃향이 사이좋게 반긴다. 고소하게 구워낸 토스트향과 향긋한 커피향, 그리고 초콜릿향이 또렷하게 느껴진다. 중간에 살짝 스치듯 느껴지는 촉촉한 흙 내음과 감초향이 푹신한 느낌을 준다. 점차적으로 풍성한 붉은 베리향들이 한층 더 살아나면서 탱글탱글한 베리들이 금방이라도 입안에서 터질 듯한 풍성함을 느끼게 한다. 역시 탄탄한 타닌과 깔끔한 산도가 만나 굵직한 뼈대를 이루어 입안을 푸짐하게 채워준다.

그릴에서 심플하게 구워낸 육즙이 풍부한 소고기와 잘 어울린다. 맛있는 와인은 그 자체를 즐기는 것도 즐거운 일이지만 궁합이 맞는 음식을 곁들이고 더불어 좋아하는 사람과 함께할 때 더 큰 즐거움을 느낄수 있다.

Cahors
Appellation Cahors contrôlée
Malbec    2012
Gouleyant
C'est notre Vin de l'année
750 ml    12,5% vol.
Georges Vigouroux à Cahors France
Mis en bouteille à F 46000
PRODUIT DE FRANCE · SUD-OUEST
WINE SPECTATOR 88 POINTS

# Gouleyant Malbec
## 굴레양 말벡

Georges Vigouroux
죠지 비구루

A.O.C Cahors, Sud-Ouest, France
까오, 남서부, 프랑스

까오는 프랑스 남서부 지방에 속해 있으며 보르도의 남동쪽에 위치해 있다. 약 이천 년 전 로마제국시대로 거슬러 올라가는 긴 와인 역사를 가진 이곳의 와인은 1152년 경 영국인들에게 큰 반응과 호응을 보이며 블랙 와인Black wine이라는 호칭이 붙여졌다. 자국 내 왕실에서도 큰 사랑을 받던 까오 와인은 14세기경 보르도 와인의 질투로 과도한 세금을 부과하게 되면서 판매의 고전을 맞게 된다. 그 후 불행하게도 19세기 말부터 시작된 프랑스에 불어닥친 필록세라의 병충해로 인해 전멸되는 고난을 겪고 다시 1945년경부터 이곳의 토착 품종인 말벡Malbec이 서서히 다시 뿌리내리기 시작했으며, 1971년에 A.O.C 승인을 받을 때 440헥타르였던 재배 면적이 현재에는 열 배 이상으로 넓어졌다. 대서양과 지중해 기후의 영향을 골고루 받아 여름은 온화하고 건조하며 남쪽에서 불어오는 따뜻하고 부드러운 가을 바람은 포도알이 서서히 알차게 익을 수 있도록 해주는 데 큰 영향을 준다. 여러 층의 축적된 석회질로 이루어진 포도 재배 지역은 3구역으로 나뉜 테라스식 형태이며, 계곡 아래 흐르는 강으로 인해 포도밭의 온도 조절과 수분을 조달하는 특징 등 모든 조건이 갖추어진 천혜의 포도 재배 지역이다.

말벡 품종으로 빚은 와인은 검은색에 가까울 정도로 진한 붉은색을 띤다. 잘 짜여진 타닌과 꼿꼿한 산도 그리고 풍부하고 강렬한 과일향을 지니고 있다. 이러한 특징들 덕분에 장기 숙성 잠재력을 지니고 있다. 지금에 와서도 여전히 보르도 와인의 명성에 가려진 까오 와인에 안타까워하는 이들이 많지만, 각기 다른 특징과 매력을 가지고 있는 부분을 인정하고 애정을 가져주는 것은 늘 우리들의 몫일 거라고 생각한다.

검은색에 가까운 진한 붉은색. 카시스, 블랙베리 등 검붉은 베리향과 무더운 여름날 향긋한 딸기향, 체리향들이 주저함 없이 발산된다. 차츰 제비꽃향, 신선한 민트향과 감초향이 역할을 톡톡히 하고 한 모금 넘기니 캐러멜향과 에스프레소향, 그리고 매콤한 향신료향까지 여운을 오래 남긴다.

이 와인의 커다란 매력은 말벡이 가진 말 근육 같은 촘촘한 타닌이 유연하게 스며들어 벨벳과 같은 폭신함을 입안 가득 느낄 수 있는 비로 그 순간이다.

2004
Faustino I
GRAN RESERVA
RIOJA

# 파우스티노 I 그랑 리제르바

Faustino
파우스티노
Rioja, Spain
리오하, 스페인

금 망사를 신은 와인! 여기에 어느 박물관에서 본 듯한 초상화까지 한눈에 확연히 들어오는 외모를 지녔다. 현재 3대째 줄리오 파우스티노Julio Faustino가 운영하고 있는 파우스티노사는 오랜 역사와 전통으로 스페인 사람들이 많이 사랑하고 친숙하게 느끼고 있는 와이너리 중 하나로 유명하다.

파우스티노 I 그랑 리제르바는 현재 리오하 지역에서 가장 큰 규모의 와이너리에서 생산된다. 이 와인의 가장 큰 특징은 품질이 좋은 해에만 출시한다는 사실로, 1964년 이후 단 14개의 빈티지만 출시되었다. 2013년에는 디캔터가 선정하는 올해의 와인 TOP 50에 2001년 산이 1위를 차지하면서 그 품질을 인정받았다. 스페인의 토착 품종인 뗌쁘라니요Tempranillo가 80% 이상으로 중심을 확실히 잡고 있으며 26개월간 오크 숙성한다. 고급스러운 외모보다 속 깊고 잘 다듬어진 맛, 아니 누가 먹어도 인정할 수 밖에 없는 맛이 담겨져 있다.

강렬한 진홍색. 딸기, 체리향에 뒤이어 우리나라 오미자향과 흡사한 그로제이Groseille향(붉은 까치밥나무 열매)이 살포시 포개지면서 붉은 과일향들의 행진을 보는 듯하다. 서서히 열리면서 농익은 서양자두향이 달큰하게 느껴진다. 그 뒤를 이어 깔끔한 민트향도 살짝 고개를 내민다. 잠시 더 기다려주니 오크 숙성한 보람이 있듯 우아하면서도 묵직한 오크향과 바닐라향 그리고 흙 내음과 가죽, 감초향이 피어오르고 입안을 촉촉히 적시는 타닌과 산도의 여운이 수년간의 시간 속에서 잘 성숙된 맛의 호사를 누리는 듯하다.

중국식 오리구이와 함께하니 담백하게 잘 어울린다.

## 친구와 와인은
## 오래될수록
## 좋을까

내게도 오랜 친구들이 있다. 이십 대에 파리에 가 지금까지 네 명의 아이를 키우며 사는 동안, 가끔 서울에 오면 어김없이 만나는 나의 친구들.

수많은 세월이 흘렀음에도 타임머신을 탄 듯 과거로 돌아가 함께 간직하고 있던 추억들을 아직도 공유할 수 있다는 건 정말 대단한 일이다. 더불어 이처럼 잘 숙성된 우정이라는 것에 새삼스레 가슴이 따스해온다. 옛 친구와의 관계를 잘 숙성된 와인에 비교한다면 새로운 친구들은 신선함이 가득한 2~5년생 와인에 비교할 수 있다. 그렇지만 사실 그 어떤 관계가 더 소중하다고 저울질할 수는 없으며 무조건 오래된 것이 좋다고 할 수도 없다.

와인은 프랑스, 이탈리아, 스페인, 독일 등 유럽 전통 와인 생산국들과 미국, 칠레, 남아공, 아르헨티나 등 오십 개가 넘는 나라에서 엄청난 양이 생산되고 있다. 이 모든 와인을 오래 보관해야 좋은 와인이 된다고 한다면, 우리가 현재 마실 수 있는 와인이 얼마나 있을까. 또 지금 현재 모두가 몇 십 년쯤 된 와인을 구입해 마셔야 한다면, 과연 이 와인의 가격은 얼마나 비쌀까. 그러니 모든 와인이 장기간 견딜 수 없다는 사실은 얼마나 다행인지 모른다.

장기간 보관할 수 있는 와인을 결정짓는 요인은 여러 가지가 있지만, 그중에서도 포도나무가 심어져 있는 곳의 전체적인 환경 조건 떼루아(Terroir 토양, 토질, 기후, 지형 등)의 영향이 가장 중요하다. 그리고 토양에 적합한 품종과 어느 해에 와인이 태어났는가도 영향을 끼치며, 이외에도 양조 방법과 숙성 과정 등 모든 것이 어우러져 결정지어진다. 그래서 와인은 태어날 때부터 어느 정도 미래에 대한 운명을 가늠할 수 있다. 그렇지만 귀한 와인일수록 보관이 중요하다는 걸 잊어서는 안 된다.

이렇게 구입한 와인은 가정에서도 잘 보관해야 한다. 지하에는 셀러가 없고 아파트 생활이 대부분인 우리나라의 경우 와인을 오래 보관하기가 쉬운 환경이 아니므로 장기 숙성을 위해서는 와인 셀러를 하나 장만하기를 권하고 싶다. 그리고 와인을 단기간 보관하더라도 와인 병은 세워 두면 코르크 마개가 건조해지면서 수축이 빨라지게 되는데 이때 병 안의 와인에 외부 공기가 닿으면서 와인이 산화되기 시작한다. 그러므로 와인은 항상 반듯하게 눕힌 상태에서 보관을 해야 한다.

손쉽게 편안하게 구입해 마시는 와인이라면 굳이 빈티지에 신경쓸 필요가 없다. 그리고 요즘은 양조 기술이 좋아져 아무리 포도 농사가 힘든 해였더라도 큰 차이 없이 와인의 질을 유지할 수 있게 되었기 때문이다.

나는 3만원 내외의 적당한 가격, 생산년도에서 3~4년 사
이의 와인을 구입해 마시는 편이고, 사람들에게도 이렇게
권한다. 그게 여러모로 편안하다. 와인으로부터 부담을
느끼지 않아야 그 와인이 좋아진다. 물론, 내 경우에는 공
식적인 시음 기회를 통해 고가의 장기숙성 와인을 맛볼
수 있으니, 이때를 맘껏 즐기면 충분하다.

와인은 점잖은 사람을 떠들게 만들고,
심각한 사람을 웃게 만드는 재능이 있다.

◆

호메로스
Homeros
(고대 그리스 작가)

# Max Reserva Syrah
## 맥스 리제르바 시라

### Errazuriz
에라주리즈

**Aconcagua Valley, Chile**
아콩카구아 밸리, 칠레

돈 막시미아노 에라주리즈 Don Maximiano Errazuriz 는 1870년 아콩카구아 밸리에 비냐 에라주리즈 Vina Errazuriz 사를 설립하였다. 아콩카구아 밸리 지역은 칠레의 수도 산티아고 북쪽에 위치해 있는 태평양의 부드러운 바람과 함께 온화한 기후의 영향을 받는 곳이다. 포도 재배지역으로 관심 밖에 있던 곳을 돈 막시미아노 에라주리즈가 과감하게 개척하고 개발했으며 최초로 프랑스 품종을 이곳에 재배하기 시작했다.

이처럼 미래를 내다보는 그의 깊은 안목과 와인에 대한 열정, 자연을 존중하고 아끼는 그의 철학이 함께 어우러져, 현재까지 대를 이어 전통을 유지함과 동시에 원칙을 지키되 혁신된 현대적 기술을 통해 좀더 다양하고 풍성한 맛을 지닌 와인을 생산하고 있다.

프랑스 남불 지방의 토종 품종 시라답게 씩씩하면서도 품위 있는 자태로 잘 적응한 결과를 한눈에 보여 주는 맥스 리제르바 시라는 시라 100% 단일 품종이다. 프랑스산 오크통에서 12개월간 숙성되었으며, 나를 다시 칠레 시라의 매력에 빠지게 만든 와인이다.

짙은 진보라색. 생동감 있는 검붉은 베리류의 과일향이 압도적이다. 잠시 시간을 주니 보라꽃 향기, 장미향들이 잔잔하게 피어오르고 매콤하고도 깔끔한 후추와 민트, 감초향을 잔잔하게 뿜낸다. 목넘김 후에 느껴지는 질감과 함께 올리브향도 특이하다. 역시 오크통 숙성에서 찾아볼 수 있는 바닐라향도 빠지지 않는다. 견고한 타닌 곁에서 부드럽게 보조를 맞춰주는 산도가 적당히 균형감을 낳고, 입안에 가득 담기는 풍부한 질감은 제철 재료로 차린 푸짐한 밥상을 연상케 한다.

역시 이렇게 친절한 와인은 그 어느 음식과도 사이좋게 어울리지만 나는 콜라겐이 듬뿍 들어간 돼지 족발과 함께 즐긴다.

# Château Bonnet Reserve Rouge
## 샤또 보네 리저브 루즈

Château Bonnet
샤또 보네
Bordeaux, France
보르도, 프랑스

보르도의 가장 일반적인 등급 A.O.C 보르도 와인. 이 등급에 대해 쉽게 이해를 돕기 위해 간단히 짚고 넘어가려고 한다. 보르도 안에서도 메독 지역과 생 떼밀리옹 지역으로 크게 나뉘고, 다시 메독 지역에서도 마을명으로 세분화되면서 등급도 올라가고 와인의 맛도 개성이 더 뚜렷해진다고 보면 된다. 가격도 함께 상승한다. 즉 A.O.C 보르도 와인은 보르도 지방의 전 지역에서 재배된 포도로 양조되는 일반적인 와인으로 부담 없이 즐기기에 편안하다. 대부분이 생산년도부터 2~4년 사이에 마시는 것이 바람직한 와인들이다.

이 와인은 메를로와 까베르네 소비뇽이 사이 좋게 만나서 편안한 와인을 만들었다.

윤기 도는 진홍색. 탱탱하고 농익은 검붉은 열매향들과 매콤한 후추향까지 곱게 잘 담겨 있고, 살짝 치고 올라오는 바닐라향과 초콜릿향에 뒤이어 바이올렛꽃 향기도 수줍게 피어오른다. 열리는 시간도 부담스럽지 않고 목 넘김도 편안하다. 타닌과 산뜻한 산도의 균형감이 은근히 양질의 와인이다.

이처럼 편안한 와인과 친근하게 어깨동무하며 서로의 매력을 상승시켜줄 음식은 단맛도 살짝 있으며 매콤한 양념의 서울 광장시장 먹거리 중에 동그랗게 썰은 돼지목살에 달콤매콤한 고추장 양념을 살짝 버무려 참숯불에 구워 먹는 동그랑땡이면 어떨까. 최근 TV를 통해 널리 알려진 곳이지만 나는 무려 40년 전부터 그 맛에 반했었다. 외할머니와 어머니께서 광장시장 포목부에서 장사를 하셨기 때문에 난 어렸을 때부터 광장시장이 동네 골목만큼이나 정겨운 곳이었다. 북적이는 관광객들 외에는 아직도 별 변함이 없는 골목골목. 나는 내 성장기의 한쪽 부분에 자리 잡고 있는 광장시장의 영원히 못 잊을 동그랑땡을 찾아 서울에 올 때마다 그곳으로 발길을 옮기곤 한다.

신은 물을 만들었지만
인간은 와인을 만들었다.

박토르 위고
Victor Marie Hugo
(프랑스 낭만파 시인, 소설가, 극작가)

NE DU
TARIQUET
Classic
CÔTES DE GASCOGNE
DOMAINE DU
TARIQUET
2014
PREMIÈRES GRIVES
CÔTES DE GASCOGNE

# 도멘 디 따리께 클라식

Domaine du Tariquet
도멘 디 따리께
I.G.P Cote de Gascogne, Sud-Ouest, France
꼬뜨 드 가스꼬뉴, 남서부, 프랑스

와인과 관련된 일을 하기 시작하면서 한국에 데리고 가고 싶었던 몇몇 와인 중 하나가 도멘 디 따리께의 와인이었다. 물론 내 바람과는 달리 무산되었지만, 그후 어느날 우연히 이 와인이 한국에 들어와 있는 사실을 알고 얼마나 반가웠는지 모른다. 잘 아는 프랑스인 친구가 나도 없는 한국에 와서 어느새 자리 자리 잡고 사는 모습을 보는 듯한 느낌처럼 말이다.

도멘 디 따리께는 프랑스 남서부 지방에 위치해 있으며, 고급 증류주인 아르마냑을 생산하는 곳으로도 유명한 와이너리다. 그리고 다양한 품종으로 특색 있는 여러 종류의 화이트 와인과 약간의 로제를 생산하고 있다.

푸른빛이 반사되는 투명한 노란색. 배꽃, 아카시아꽃 향기 등의 흰꽃 향기와 복숭아, 파인애플, 망고, 리치 등의 열대과일향이 모여 있는 모습이 향긋한 과일바구니 같다. 여기에 상큼한 감귤류향이 풍부하게 배어 있다. 한 모금 넘기고 나니 상큼하고 풍부한 과일향이 비강을 타고 싸하게 올라오는 잔향이 매력적이다. 목 넘김 후에도 깔끔한 산도 덕분에 청량감이 뛰어나 갈증을 해소하기에 매우 좋다.

식전주로 한 잔, 또는 석화나 해산물을 날것으로 먹을 때 마리아주가 좋다.

# 도멘 드 따리께 프리미에르 그리브

**Domaine du Tariquet**
도멘 드 따리께

**I.G.P Cote de Gascogne : VDP, Sud-Ouest, France**
꼬뜨 드 가스꼬뉴, 남서부, 프랑스

와인의 이름처럼 라벨에 그리브Grives는 철새의 일종인데, 이 새가 오면 가을의 뒷자락, 첫 추위가 찾아온다고 한다. 그 무렵 느즈막하게 달콤함을 듬뿍 품고 있는 포도송이는 수확이 시작된다. 남서부 지방의 토착 품종 그로 멍생Gros Manseng의 특징은 활발한 산도와 풍부한 아로마를 담고 있는 달콤한 와인을 탄생시킨다. 단맛이 있으나 달지 않은 맛! 내가 이 친구에게 할 수 있는 가장 적합한 표현이다.

윤기 흐르는 황금빛이 반사된 노란색. 파인애플, 리치, 망고 등 이색적인 열대 과일향과 풋풋한 감귤향이 싱그럽다. 서서히 열리기 시작하면서 속속들이 배어 있는 아몬드향과 달콤한 꿀향, 그리고 아카시아꽃향에 이르기까지 화려한 꽃다발을 선사받는 느낌이다. 입안을 감싸는 기분 좋은 촉감과 그윽한 미네랄티, 그리고 화사한 산미의 멋진 피날레. 역시 목 넘김 후에도 끝없이 펼쳐지는 아로마의 향연은 찬사를 절로 이끌어내게 한다.

안주나 음식을 동반하지 않고 8~9도 정도로 시원하게 칠링해서 마실 때가 내겐 가장 좋다. 아직 와인과 그다지 친하지 않는 여성들에게 달콤하고 상큼한 와인의 매력을 알려주는 역할을 해줄 수 있는 좋은 와인이라 추천하고 싶다.

SIMONNET-FEBVRE
CRÉMANT DE BOURGOGNE
BRUT

# 크레멍 드 부르고뉴 브륏

Simonnet Febvre
시모네 페브르
Crémant de Bourgogne, Bourgogne, France
크레멍 드 부르고뉴, 부르고뉴, 프랑스

부르고뉴 지방에서 유일하게 화이트 와인만을 생산하는 샤블리 지역. 그곳에서도 유일하게 크레멍 드 부르고뉴를 생산하는 시모네 페브르 가는 1840년부터 현재까지 우아하고 그윽한 샤블리의 와인은 물론 여기에 지리적으로 근접해 있는 샹파뉴와 흡사한 크레멍 드 부르고뉴를 생산하고 있다. 이처럼 부르고뉴 지방에서 생산되는 스파클링 와인을 크레멍 드 부르고뉴라고 한다.

크레멍이라는 명칭을 가진 스파클링 와인은 대부분의 프랑스 와인 생산 지역에서 생산된다고 보면 되는데, 그중에서도 크레멍 드 부르고뉴는 좀더 고급스럽게 평가받고 있는 것도 사실이다. 거기에는 역시 귀족 품종이라고 칭하는 샤르도네와 피노 누아를 정성스럽게 손 수확한 후 조화롭게 블랜딩하여 전통 방식으로 양조, 숙성되는 이유도 한몫을 한다. 혹시라도 고가의 샹파뉴가 부담스러울 때 같은 가격대의 샹파뉴와 크레멍 드 부르고뉴가 눈에 띈다면 주저 않고 크레멍을 선택해도 후회하지 않을 것이다.

투명한 푸른빛이 감도는 노란색. 한여름 날의 무르익은 복숭아향이 향긋하다. 서양배향, 상큼한 레몬향과 푸른 사과향들이 싱그럽게 한곳에 모여 입안에 침을 모으게 한다. 그리고 스파클링 와인에서 쉽게 찾아볼 수 있는 아몬드향과 이스트향도 또렷하다. 섬세하고 균형감 있는 기포도 자연스럽게 꾸준히 피어오른다. 싱싱한 산도와 풍성한 미네랄의 기운이 품위 있는 여운을 남긴다.

간단하게 전식주로도 가능하며 크림소스 파스타와도 무난히 잘 어울린다.

# 호메 세라 까바 브륏

**Jaume Serra**
호메 세라

**Cataluna. Spain**
카탈루냐, 스페인

스페인 스파클링 와인을 까바Cava라고 호칭하며, 브륏Brut은 프랑스어로 당도가 없다는 뜻이다. 호메 세라는 스페인에서 규모가 가장 큰 까바 와이너리 중 하나이며, 스페인 사람들이 대중적으로 가장 많이 마시는 국민 까바라고 한다. 여기에는 부담 없는 가격임에도 좋은 품질이 중요한 역할을 한다. 프랑스의 샹파뉴 전통 방식으로 양조되었고, 부담스러운 가격의 샹파뉴가 고픈 날 대신하기에 아주 적합하고 유쾌한 친구다.

푸른빛이 살짝 스치는 옅은 노란색. 첫 코에 와 닿는 살짝 구운 아몬드향의 고소함, 그리고 호두 등의 견과류향이 부드럽다. 그리고 스파클링 와인의 특징인 이스트향도 적당하게 배어 있으며, 과즙이 넉넉한 복숭아와 서양배향이 사이좋게 동반하고 은은히 꿀향도 뒤따른다. 곧이어 감귤류와 푸른 사과향들도 깔끔함을 돋구며 나타나며, 더욱이 매력적인 것은 생동감 있는 산도 덕분에 맛볼 수 있는 싱그러움이다. 섬세하게 피어오르는 기포도 여운을 남기고 누구나 쉽고 편안하게 마실 수 있는 기분 좋은 맛이다.

기름기가 있는 음식, 새우튀김이나 해물파전, 잡채, 또는 달콤한 디저트와도 잘 어울린다.

## 오늘 같은
## 날에는
## 샹파뉴가
## 필요해

나는 네 아이의 엄마다. 큰딸은 이제 대학을 졸업하고 어엿한 사회인이 되었다. 이 큰아이의 열여덟 번째 생일날, 나는 샹파뉴를 마셨다. 내가 처음으로 아이를 낳아 품에 안았던 그 순간의 감동과 기쁨만큼이나 수많은 별들이 피어나는 샹파뉴를.

샹파뉴는 특별한 날에 축배의 의미로 마시는 와인이다. 입안에서 터지는 수많은 별들의 독특한 느낌처럼 가격도 만만치 않다. 별처럼 올라오는 거품을 마시며 특별한 날을 더욱더 빛내고자 하는 것이니, 이런 날만큼은 가격은 살짝 잊어보자.

파리에서 동북쪽으로 약 150킬로미터 떨어진 곳에 샹파
뉴가 있고 이곳에서 태어난 발포성 와인만 샹파뉴라고
부른다. 1930년대부터 샹파뉴 지방에서 생산되는 발포성
와인만이 샹파뉴라는 명칭으로 지리적 표시제를 사용하
면서 보호받고 있는 셈이다. 그래서 다른 나라 혹은 다른
지방에서 생산되는 발포성 와인은 또 다른 명칭으로 불
린다.

프랑스에서 태어나고 그것도 샹파뉴라는 지역에서만 생
산된 발포성 와인만을 샹파뉴라고 하는 것이므로, 영
어식 발음인 샴페인이라고 부르는 것은 옳은 표현 방법
이 아니다. 그래서 나는 이 책의 독자만이라도 '샹파뉴'
는 반드시 '샹파뉴'라고 불러주었으면 좋겠다. 프랑스 코
냑Cognac 지방에서 태어난 코냑처럼 말이다. 우리 '김치'가
'기므치'로 발음되는 것이 옳지 않은 것과 같은 이유다.

그리고 기포가 있는 와인이라는 통칭은 에페르베성
Effervescent 이다. 프랑스 각 지방의 고유 포도 품종으로 각
기 조금씩 다른 양조 방법이나 샹파뉴와 동일한 양조 방
법으로 발포성 와인이 생산된다. 이러한 와인을 크레멍
Crémant, 무스Mousseux, 뻬흘렁Perlant 이라 부른다. 미국에서
는 스파클링 와인Sparkling Wine, 이탈리아에서는 스푸만테
Spumante, 스페인에서는 카바Cava, 독일에서는 젝트Sekt 라는
다른 명칭으로 불린다. 이렇게 발포성 와인의 이름과 나
라, 태어난 고향은 각기 달라도 우리에게 별들의 고향을
맛보게 해주는 기특함은 한결같기만 하다.

나는 축배의 상징인 발포성 와인을 간혹 우울한 날에도
한잔 가득 따른다. 푹신하고 편안한 소파에 몸을 맡기고
포근한 음성과 음률의 벨기에 출신 재즈 가수 빅토르 라
즐로의 '샹파뉴와 와인'을 틀어놓고 '내 머리 속의 풍선들!
나의 천국! 너무 달콤해!'를 귓가에 가득 채우며 손에 쥔
수많은 별들에게 온 마음을 빼앗긴다. 그러면 어느새 우
울했던 기분은 사라지고 내 입 속으로 흘러 들어가는 별
들이 풍선처럼 나의 마음 속을 둥둥 떠다닌다.

특별한 날을 더욱 특별하게 만들어주는 데는 특히 샹파
뉴를 따라갈 친구는 없다. 왜냐하면 샹파뉴 한 병 속에는
무려 2억5,000만 개의 별들이 들어 있다고 한다. 그 별 하
나하나가 터지면서 더욱 큰 기쁨과 행복을 만들어줄 거
라고 믿는다.

CHAPOUTIER
2013
BANYULS
VIN DOUX NATUREL · RED DESSERT WINE
APPELLATION BANYULS RIMAGE CONTRÔLÉE
M. CHAPOUTIER

# Banyuls, Vin doux Naturel
# 바뉼, 뱅 두 나뛰렐

M. Chapoutier
엠 샤푸티에

A.O.C Banyuls, Languedoc-Roussillon, France
바뉼, 렁그독-루시용, 프랑스

지중해가 내려다보이는 해안가의 경사진 언덕에 위치한 테라스식 바뉼은 이천 년이 넘는 역사를 지닌 포도재배 지역이다. A.O.C 바뉼은 뱅 두 나뛰렐 주정강화주만을 생산한다. 주로 스위트 레드 와인을 생산하는 지역이다.

뱅 두 나뛰렐의 양조방법은 1차 발효 과정 중에 포도 증류주를 첨가해서 포도에 함류된 당이 알코올로 변화되는 과정을 중단시킨다. 이때 남는 포도 자체의 단맛을 그대로 살려서 유지시키는 것이며 첨가한 증류주로 인해 알코올 함유량은 주로 15~18%로 일반 와인보다 높다. 그래서 단맛 뒤에 감춰진 알코올 기운을 간혹 느끼지 못하고 마시다 보면 취기를 좀 더 빨리 느낄수 있는데, 무엇보다 집에서 담그는 엄마표 포도주가 그리울 때 이 바뉼을 만나면 매우 반갑다.

론 지방 와인의 명가 엠 샤푸티에 사에서 탄생시킨 이 와인은 당도를 적절하게 잘 잡아놓은 누구나 쉽게 즐길 수 있는 와인이다.

짙은 적갈색을 띤 붉은 석류색. 검붉은 열매로 잘 졸여 만든 달큰한 잼향과 무르익은 무화과향이 담겨져 있으며, 매콤한 계피와 향신료향도 박자를 마추면서 뒤따르고 초콜릿향도 뒤질새라 따라온다. 잘 스며든 알코올 기운과 부드러운 질감의 조화, 여기에 깊고 복합적인 향기가 입안에서 떠날 줄 몰라 자꾸 마시고 싶게 만드는 매력을 지닌 와인이다. 부드럽게 정제된 단맛이 전혀 부담스럽지 않으며 전체적으로 지중해의 뜨거운 태양이 길러낸 열정적이고 활달한 기운을 잘 표현하고 있다.

무더운 여름이 제철인 잘 익은 초록색 멜론을 반으로 나눠, 그 속에 든 씨를 제거한 뒤 바뉼을 가득 채운 후 숟가락으로 멜론과 바뉼을 함께 떠 먹을 때, 이 둘의 향긋함과 달콤한 맛이 어울려져 미각을 한층 더 행복하게 해준다. 초콜릿과도 잘 어울리며 우리나라 다과 중 약밥 또는 견과류로 만든 강정과도 매우 흡족한 조화를 느낄 수 있다. 우리나라 식사와 함께 할 때는 단맛이 있는 불고기와도 조화롭다.

# Champagne Fleury, Fleur de l'Europe  Brut NV
# 샹파뉴 플뢰리, 플뢰르 드 유럽 브륏 NV

### Fleury
플뢰리

A.O.C Champagne, France
샹파뉴, 프랑스

파리에서 동북쪽 끝으로 약 150킬로미터 떨어진 곳에 샹파뉴가 있다. 이곳에서 태어나는 스파클링 와인만을 지방 이름 그대로 '샹파뉴'라고 칭할 수 있도록 지리적 표시를 사용하여 보호하고 있으며, 역시 세계 최고 유일무이한 이 와인을 샴페인이 아닌 정확히 프랑스어로 샹파뉴라고 칭해줘야 한다. 일반 와인과는 달리 샹파뉴는 작황이 좋은 해에 수확한 포도만으로 만들었을 때 빈티지를 준다. 그외에는 N.V = No Vintage다.

그리고 단맛이 전혀 없는 Extra Brut(엑스트라 브륏)〈 Brut(브륏) 〈 Demi-Sec(드미쎅) 〈 Doux(두)로 점차 더 단맛이 올라간다. 마시기 적당한 온도는 8~10도, 그리고 잔은 튤립 모양의 플뤼트_flutre_다.

샹파뉴 플뢰리 사의 총괄자인 장 피에르 플뢰리_Jean Pierre Fleury_는 그의 증조부 때부터 이어온 가업을 현재 그의 자녀들과 함께 4대에 이르는 철저한 장인정신으로 운영하며 가족 경영의 모델이 되고 있다. 그리고 그는 떼루아에 대한 절대적인 믿음과 애정으로 1992년부터 샹파뉴 지역에서 최초로 비오디나믹 농법을 시작한 선구자이며, 오늘도 샹파뉴 지역에서 이 농법이 더 활성화될수 있도록 적극적으로 앞장서고 있는 대표적인 와이너리다.

은은한 황금빛이 반사되는 볏짚색. 고급스러운 이스트향과 첫 인사를 나누고 나니 이내 살짝 구운 토스트향과 담백한 비스킷향 그리고 깔끔한 풋사과향과 흰꽃향, 그리고 빼놓을 수 없는 상큼한 레몬과 감귤류향들이 반긴다. 꽃이 만개하듯 점차적으로 열리면서 순수한 아몬드향 그리고 서양배와 체리향이 후각을 즐겁게 자극한다. 무엇보다 입안을 감싸는 매끈한 질감과 우아한 미네랄의 터치, 여기에 적절히 어울려주는 산미, 이 아름다운 조화에 반해버린다. 샹파뉴에서 빠질 수 없는 기포! 별처럼 반짝이는 고운 기포들을 보고 있으니 도대체 어디서 이렇게 끊임없이 솟아오는 건지 궁금증이 생긴다. 역시 샹파뉴 명가다운 면모를 확인하게 해준다.

나는 네 아이를 낳고 키우면서 그 어디에서도, 그 누구도 가르쳐주지 않은 인생 공부를 하고 있다.

물론 진작 깨달았어야 하는 것이 한두 개는 아니라는 걸 알지만 최근 들어 새삼스럽게 느끼는 부분이 있는데, 요즘 나는 잔소리하지 않는 엄마가 되려고 애쓰고 있다. 아이들을 아끼고 사랑하는 마음에서 하는 말이라는 허울로 자식들에게 하는 그 애정 어린 잔소리를 거두어들이려 한다. 물론 이 부분에서 완전히 자유로워진 상황은 아니지만 꾸준히 노력 중이다. 이제는 다 성장한 자식들이다. 그들의 판단을 믿고 응원을 해주는 것이 나에게 남은 몫이다.

그리고 나는 친구 같은 엄마가 되고 싶다. 아니 난 내 아이들이 나의 친구가 되어주었으면 좋겠다. 이러한 나의 바람이 점점 이루어지고 있는 것일까? 요즘은 아이들하고 종종 파리 시내에 있는 와인 바를 찾곤 한다. 30년 넘게 늘 느끼는 것이지만 불빛에 반사된 파리의 밤은 매우 오묘하고 아름답다. 그 안에 있는 파리의 와인 바는 향기롭고 그곳에서 와인 한잔 마시며 대화를 하는 우리는 행복하다. 그리고 다시 먼 훗날 성년이 된 손주들과 와인 바를 찾는 내 모습을 상상하며 미리 더 행복에 겨운 할머니가 되어가고 있다.

파리 중심부인 2구에 위치해 있는 마 까브 플뢰르라는 이름의 샹파뉴 바<sub>Champagne Bar</sub> 가 있다. 이곳은 샹파뉴 플뢰르 가에서 운영하는 곳으로, 지금은 장 피에르 플뢰르의 딸 모르간 플뢰르<sub>Morgane Fleury</sub>가 운영 중이다. 이곳의 특이한 점은 한두 가지가 아닌데, 일단 샹파뉴를 잔으로도 주문이 가능해서 고가의 빈티지 샹파뉴도 부담 없이 마실 수 있으며, 분위기가 동네 선술집 같아 우아하고 격조 높은 술로 인식되어 있는 샹파뉴를 의외로 친근감 있게 접근할 수 있게 해준다는 점이다. 그리고 그녀의 지인들이 만드는 비오디나믹 와인들을 아름드리 발견할 수 있는 곳이다. 샹파뉴 지역의 치즈와 말린 돼지고기 안주와 여기서 빼놓을 수 없는 그녀의 호탕한 성격이 한몫 더 거들어 사람들을 옹기종기 불러 모이게 하는 정겨운 장소이기도 하다.

누군가 파리에 온다면 이곳을 꼭 방문해보기를 권한다.

COTEAUX
CHAMPENOIS
PINOT NOIR

# Coteaux Champenois, Pinot Noir
## 꼬또 샹프누아, 피노 누아

Fleury
플뢰리

A.O.C Coteaux Champenois, Champagne, France
꼬또 샹프누아, 샹파뉴, 프랑스

지난달, 애정하는 파리의 샹파뉴 바 마 까브 플뢰르에 방문했을 때는 샹파뉴 지역에서 소량 생산되는 일반 포도주 꼬또 샹프누아를 시음할 기회가 있었다. 요즘 좀처럼 찾아보기 쉽지 않았는데 매우 오랫만의 반가운 만남이었다. 물론 그녀의 집에서 운영하는 샹파뉴 플뢰리에서 300병만 생산한 2012년산이라고 했다.

투명하고 연한 자주색. 왠지 모르게 소녀같이 쑥쓰러워하며 서서히 고개를 드는 듯하다. 잠시 기다려주니 확연히 느껴지는 상큼한 산딸기향과 체리향, 카시스향 등 붉은 베리향들이 첫 인사를 건네온다. 그 뒤를 이어 은은한 훈후추향과 살며시 숨어 있는 가죽향, 그리고 나무가지향도 어렵지 않게 느낄 수 있다. 한 모금 마셔보니 무척이나 야무진 산도가 매우 인상적이다. 그 곁을 지키고 있는 꼼꼼하면서도 유연한 타닌의 모습은 역시 기품 있는 부르고뉴 와인을 연상케 한다. 이렇게 잘 생긴 와인은 간단히 치즈 몇 쪽 놓고 낮술하기에 좋다.

나는 지금 별을 맛보고 있다!

◆

돔 페리뇽
Dom Perignon
(17세기 베네딕트 수도사)

BRUT
SOUCHERIE
CRÉMANT DE LOIRE
APPELLATION D'ORIGINE CONTRÔLÉE

# 크레멍 드 루아르

Château Soucherie
샤또 수쉐리

A.O.C Crémant de Loire, Loire, France
크레멍 드 루아르, 프랑스

정성스레 손 수확으로 거두어낸 샤르도네 100%로 탄생시킨 야무진 이 와인은 평범한 순간에 곁에 두고 마셔도 서운해하지 않을 친구다. 갓 구운 연어 구이를 반찬으로 한 끼 식사에도, 때론 친구와 편안하게 담소 나누는 그 시간에 치즈나 간단한 견과류와 동반해도, 역시 제철 과일 타르트와 함께 후식주로도 만족스럽다. 물론 사랑하는 사람과 함께 단 둘만 있는 그 순간에, 역시 축하하고 싶은 의미 있는 날에도 크레멍 드 루아르는 어느 순간, 그 무엇과도 자연스럽게 스며드는 와인이다. 샤또 수쉐리는 파리에서 서남쪽으로 약 300킬로미터 떨어진 루아르 지역에 위치해 있다. 고급스럽고 우아한 여러 종류의 와인을 생산하는 곳이다. 와이너리가 펼쳐진 아름다운 주변의 풍광과 고풍스러운 샤또는 방문객들을 위해 샤또 내에 근사한 호텔식 룸을 운영 중이다. 여유롭게 프랑스 여행을 할 기회가 있다면 이곳에서 태어나는 와인들을 맛보며 프랑스의 고성 분위기에 흠뻑 젖어 하룻밤 묵어가는 기회를 만들면 어떨까.

푸른빛이 감도는 옅은 노란색. 곱게 올라오는 고운 기포들을 바라보고만 있어도 눈 호사를 하는 듯하다. 수줍은 듯 스며드는 작고 붉은 과일향들도 상큼하고, 아카시아꽃 향기와 서양배향이 애틋하게 피어오른다. 깔끔한 감귤향도 빠짐없이 등장하고 짜릿한 산미와 섬세한 기포가 혀 위에서 구르는 느낌도 신선하다. 8~10도가 마시기에 적합한 온도다.
우리나라 모시조개가 푸짐하게 들어간 봉골레 파스타와 함께하니 무어라 설명할 수 없을 만큼 환상적이다.

CHÂTEAU SOUCHERIE
Coteaux du Layon
APPELLATION COTEAUX DU LAYON CONTRÔLÉE
2014
Vendanges à la main

142

### Coteaux du Layon

# 꼬또 드 레이용

Château Soucherie
샤또 수쉐리

**A.O.C Coteaux du Layon, Loire, France**
꼬또 디 레이용, 프랑스

꼬또 드 레이용은 토착 품종인 슈낭 Chenin 100%로 보트리티스 시네라아 Bortrytis Cinerea 에 의해 탄생되는 스위트 와인만을 생산하는 지역이다. 또는 '귀하게 부패되었다'는 귀부 와인라고도 한다. 꼬또 드 레이용 지역의 기후 특성상, 밤새 내려앉은 물안개로 인해 습해져 있던 포도알에 보트리티스 시네라아(Bortrytis Cinerea : 곰팡이의 일종)가 자리 잡으면서 포도 껍질이 상처를 입게 된다. 한낮에 내리쬐는 햇볕과 선선한 바람으로 상처입은 포도는 수분을 증발시키고 또다시 습한 밤이 되면 보트리티스 시네라아는 활발하게 번식한다.

이러한 상황이 수없이 반복되면서 당도는 한껏 높아진다. 더욱이 슈낭 품종의 풍부한 산미가 단맛의 끝을 야무지게 잡아줘 전혀 부담스럽지 않은 달콤함으로 우리를 즐겁게해주는 재주를 가졌다. 늦가을 정성스레 손으로 수확한 포도송이는 이렇게 세상에 둘이 마시다 둘 모두 기절해도 모를 달콤한 스위트 와인으로 탄생된다.

윤기 흐르는 고급스러운 황금색. 사과향과 농익은 서양배가 활짝 반기면서 덩달아 아카시아 꽃향기가 추억을 불러 일으킨다. 파인애플, 리치 등의 열대과일향, 캐러멜향과 달콤한 꿀향이 더할나위 없이 또렷하다. 혀 끝에 와 닿아 착착 감기는 감미로운 질감과 우아하면서도 꼿꼿한 산미와의 조화가 입안에 가득 담긴다. 목 넘김 후 수줍게 고개를 살짝 드는 계피와 생강향이 신비하게 어우러진다. 제법 길게 울리는 잔향도 마음을 빼앗는다. 산뜻함과 달콤함을 겸비한 행복한 와인이다.

단맛이 나는 와인은 주로 단맛이 나는 음식과 조화를 잘 이룬다는 게 일반적인 상식이지만 짭조름한 음식과 함께해도 잘 어울린다. 개인적으로는 이 두 가지 맛을 다 지니고 있는 월남쌈과의 궁합을 즐긴다.

Ratafia
RATAFIA
Demoiselle
VRANKEN

# Ratafia Demoiselle
## 하타피아 드므아젤

Champagne Vranken
샹파뉴 브렁켄

I.G.P Ratafia de Champagne, Champagne, France
하타피아 드 샹파뉴, 샹파뉴, 프랑스

13세기 경, 유럽에서 과일이나 과일즙이 상하는 것을 보호하기 위해 알코올을 첨가하면서부터 유래가 되어 달콤한 맛으로 사랑을 받던 술이 그 시대에는 큰 협정이나 조약과 같은 중요한 일이 성사될 때 축하주로 쓰였다. 그래서일까. 라틴어의 승인이라는 뜻을 지닌 하티피에Ratifier가 하타피아라고 불려지게 된다. 그렇지만 사실 하타피아가 사람들에게 알려진 것은 한참 시간이 흐른 뒤이며, 아직도 일반적으로 이 술을 잘 아는 이들이 그리 많지는 않다.

프랑스의 하타피아 샹파뉴의 명칭은 1978년 공식화되지만 안타깝게도 잠재력을 잃고 있다가 드디어 2015년 유럽연합에서 승인하는 지리학적 보호제 표시 등급I.G.P(Indication Geographique Protégée)을 받게 되었다. 앞으로 좀더 활기찬 행보를 기대하며 그 달콤하고 향긋한 맛으로 많은 이들을 행복하게 만들어주길 소망한다.

하타피아 샹파뉴는 샹파뉴를 만들기 위해 낸 포도즙에 증류주를 첨가해 발효 정지를 하게 되면서 풍부한 향미와 높은 알코올(18도) 그리고 잔당이 생기게 된다. 병입되기 전에 수개월 간의 오크통 숙성 과정을 거쳐 고급스러운 호박석색과 오크향이 자연스럽게 배어 있는 주정강화주다.

다른 주정강화주처럼 주로 디저트 와인으로 알려져 있기는 하지만 고향인 샹파뉴에서는 전식과 정식 사이에 잠시 휴식을 하라는 의미로 감귤류 소므레(유지방이 없는 아이스크림)를 살짝 띄운 하타피아 한 잔을 마신다.

황금빛이 흐르는 옅은 호박석색. 잼처럼 달큰한 살구, 자두, 복숭아향들이 신바람이 난 듯 피어오른다. 이내 상큼한 레몬향, 오렌지향 등 감귤류향들이 균형을 잡아주면서 진득한 꿀향이 뒤따르고 잠시 시간을 두니 매콤한 후추향도 느낄 수 있다. 매끄러운 촉감의 목 넘김 후에는 어디선가에 숨겨져 있던 우리들에게 친근한 곶감향도 잠시 스쳐간다. 끝맛에 느껴지는 꼬들꼬들 말린 오렌지껍질향과 민첩한 산미도 깊고 긴 여운을 남긴다. 주정강화주의 뼈대인 산도와 당도의 차분한 조화가 와인의 품격을 한층 더 높여준다.

이 와인이 좋은 점 또 한 가지는 높은 알코올 함량 덕분에 마시다가 남으면 잘 닫아 냉장고에서 몇 주 동안 보관해도 별 문제가 없어서 서두를 필요 없이 가끔 한잔씩 하기에 더할 나위 없다.

와인은 사람의 마음을 즐겁게 해주며
이 즐거움은 모든 미덕의 어머니다.

괴테
Johann Wolfgang von Goethe
(독일 작가, 철학자)

LA MAGENDIA
LAPEYRE
JURANÇON

# La Magendia
## 라 마정디아

Clos Lapeyre
클로 라페이르

A.O.C Jurançon, Sud-Ouest, France
주렁송, 남서부, 프랑스

프랑스 남서부 지방에서도 스페인 경계선과 가까운 곳에 위치해 있는 주렁송 지역은 주렁송 섹(드라이)Jurançon Sec 과 주렁송 므알루(단맛)Jurançon Moelleux 의 화이트만 생산하는 곳인데, 주로 주렁송 므알루로 더 유명하며 이 책에 소개하는 주인공도 고급스러운 달콤함이 담겨 있는 와인이다.

라 마정디아란 남불 지방의 사투리 어원에서 유래된 응축된 포도알을 선별한다는 뜻이다. 11월 중순부터 12월 초에 이르면 포도의 수분이 가장 적절하게 증발하고 당분의 농축도와 산도의 깊이가 조화를 이룬다. 이 시기에 맞춰 토착 품종 쁘띠 멍성Petit Manseng을 3~4번에 거쳐 수작업으로 알알이 선별해 발효통으로 옮겨, 오크통에서 두 번의 겨울을 맞고 봄에 병입이 이루어진다.

클로 라페이르 가는 현재 3대째 가업을 이어오고 있으며 양조학을 전공한 라리에 장 베르나르Larrieu Jean Bernard와 7명의 직원이 오직 정직한 와인, 그리고 즐거움을 주는 와인을 만들겠다는 신념으로 2002년부터 유기농법을 시작해 2013년부터는 바이오디나믹 농업으로 재배, 양조를 하고 있는 와이너리다.

피레네 산맥에서 불어오는 신선한 바람과 대서양에서 불어오는 온화한 바람의 마리아주가 탄생시킨 결정체 라 마정디아는 해발 약400m 높이에 위치한 주렁송 지역의 전형적인 석회질과 점토질, 굵은 자갈들로 구성된 토양의 특징을 완벽하게 표현한 깊이 있는 산도와 미네랄티, 그리고 풍부한 향미가 고스란히 배어 있다.

윤기 흐르는 투명한 황금색. 리치, 망고 파인애플 등 열대과일향이 깊은 인상을 준다. 기다릴 틈도 없이 개운한 계피향과 꿀향이 달려오고 이내 복숭아, 모과, 바닐라, 레몬향이 사이좋게 등장한다. 중반부부터는 꿀향에서 한발 더 다가간 고급스러운 밀랍향이 새롭게 모습을 보인다. 도톰한 질감도 매우 매력적이지만 무엇보다 생동감 넘치는 산도와 미네랄의 특성이 단맛의 무게감을 적절하게 안정시켜주는 이 모든 조화와 균형감이 목 넘김 후에도 길고 긴 여운을 남긴다. 이처럼 뛰어난 와인은 마치 어딘가에 홀린 것처럼 자꾸 손이 가게 만든다.

푸아그라와 훌륭한 마리아주를 이루지만, 나는 타이음식 파파야 샐러드와 함께할 때 최고의 즐거움을 느낀다.

CIDRE BOUCHÉ
Normand
BRUT

## Cidre
# 시드르
### (사과주)

---

### I.G.O Cidre Normand
시드르 노르멍

Normandie, France
노르멍디, 프랑스

고대 그리스 로마시대에도 사과주가 존재했던 것으로 추정되며 중세기에는 귀족들의 고유 음료였으나 점차적으로 평민들에게도 시드르가 분포되었다. 12세기 경 프랑스의 북부 지방인 노르망디Normandie와 브르타뉘Bretagne 지역은 도보해협을 사이에 두고 있는 영국으로 많은 양의 시드르를 판매하면서 생산 지역이 더욱 확대되었다.

1리터의 시드르를 만들기 위해선 약 12개의 사과가 필요하며 양조 방법도 포도주와 별반 다르지 않는 과일주의 알코올 발효방식이다. 늦가을 무르익은 3~4가지 종류의 사과들을 살살 으깬 다음 압착을 해서 나온 사과즙 안의 과일당이 자연적으로 알코올화되어가며 약간의 탄산도 생겨난다. 이 모든 과정을 거친 6~8주 후에 병입된다.

현재 노르망디와 브르타뉘 시드르는 지리학적보호제 표시 등급이 있으며, 브르타뉘에서는 메밀가루가 주원료인 갈레트(Galette: 야채, 햄, 치즈 등이 고명으로 들어가 있는 식사류)와 함께하며, 노르망디에서는 크레프(Crép: 달콤한 티저트류)와 즐겨 마신다. 잔은 우리 나라의 밥 공기 모양과 흡사하며 도자기 재질로 볼레 드 시드르Bolée de Cidre라고 한다. 서빙 온도는 8도 전후가 적합하며 주로 무더운 여름날 갈증을 해소하는 데 이만한 게 없다. 시드르가 생산되는 지방의 전통 요리 중에는 시드르를 넣고 하는 음식도 제법 많다. 주로 고기를 양념하거나 익힐 때 물 대신 사용하여 고기의 누린내를 제거하고 육질을 연하게 하며 풍미를 높이는 재료로도 즐겨 사용하고 있다.

투명한 볏집색. 부르익은 사과향과 첫 인사를 나누고 나니 촉촉한 나무향이 다가오는데 무척 인상적이다. 달콤한 꿀향과 바닐라향도 느껴진다. 잔잔하게 느껴지는 기포와 차분한 산도가 어울려 상쾌하게 느껴지고 후미에서 쌉싸름하게 올라오는 풍미가 특징이다. 체질적으로 높은 도수의 술과 그다지 친할 수 없는 경우에도 적합하며 풍부한 미네랄과 비타민을 포함하고 있어 적절하게 마시면 과일주스만큼이나 건강에도 유익하다. 역시 술과 음료수의 경계선인 알코올 2~8도의 시드르는 우리집의 경우 간혹 축하할 일이 있을 때 미성년자인 막내에게 허용이 되는 음료술(?)이다.

# 루시용

렁그독-루시용은 피레네 산맥과 프로방스 사이에 위치해 있으며 지중해를 마주하고 있는 남프랑스 지역에 있다. 파리에서 약 800킬로미터 떨어져 있는 이곳은 내가 봄이 오면 자주 떠올리는 곳이다.

뒤늦게 시작한 와인 공부를 막 마칠 무렵 남프랑스 와인 박람회에 참석할 기회가 있었다. 평소에도 남프랑스 와인에 많은 관심을 가지고 있었는데, 박람회가 열리는 몽펠리에를 향하는 내내 내 가슴은 설렜다. 박람회 규모는 생각했던 것 이상으로 크고 다양했다.

이곳에서 난 이론적으로만 알고 있었던 V.D.N(Vin Doux Naturel, 뱅 두 나뛰렐)을 난생 처음 시음해볼 수 있었다. 물론 그 이후에도 더 많이 만나볼 기회는 있었지만 처음 맛보았던 그 맛을 난 오랫동안 잊을 수가 없었다.

◆

# 루아르

루아르는 프랑스의 중앙 부분에서 시작해 대서양이 있는 곳까지 흐르는 루아르강을 따라서 길게 자리한 곳이다. 이곳은 와인뿐만 아니라 중세 시대의 부호들과 귀족들이 지은 성城들이 있어 더 유명하다. 동화 속에 들어온 듯 아름답고 웅장한 고성과 더불어 끝없이 펼쳐진 포도밭이 찾는 이들의 마음을 평온하게 만든다. 파리에서 두세 시간 정도 걸려 도착할 수 있는 이곳은 고성의 정취와 더불어 그윽한 와인 향을 만끽할 수 있는 곳이다.

이곳의 와인은 그야말로 푸짐한 장바구니를 연상케 한다. 레드, 화이트, 로제, 스파클링, 디저트 와인까지 여러 종류가 나고 더구나 가격도 합리적인 편이다. 그중 내 마음을 매료시킨 건, 화이트 와인만을 생산하는 A.O.C 몽루이Montlouis다. 특히 봉누이 드미섹Demi-sec의 첫 모금에서는 한여름의 아카시아 꽃향기가 난다. 여기에 달콤한 모과와 꿀 향이 더해지며, 균형감 있는 산도가 갈증을 달래주기에 충분하다.

# 부르고뉴

부르고뉴는 보르도와 함께 프랑스 와인 대표 산지이며 세계적인 와인 생산지다. 단일 품종으로 레드 와인은 피노 누아, 화이트 와인은 샤르도네, 그리고 일반적인 화이트 와인을 만드는 아리꼬떼Aligoté가 있다. 생산 지역은 보르도에 비해 절반도 되지 않지만 마을 단위에서 작은 밭으로까지 세분화된 A.O.C를 가지고 있다. 같은 포도밭 안에서도 여러 소유주로 나누어져 있다 보니 주로 포도 재배자와 와인 생산자가 다르고, 와인을 생산해 판매까지 하는 네고시앙Négociant들이 발전된 곳이다.

그래서 보르도에서는 샤또, 이곳 부르고뉴에서는 네고시앙 이름에 관심이 더 높다. 부르고뉴 와인이 세계적인 명성을 얻을 수 있었던 것은 이처럼 다양한 떼루아에 대한 철저한 차별화와 체계적인 재배와 생산 방식이다. 덕분에 그 어느 와인과도 비교할 수 없는 복합적이고 깊이 있는 섬세한 맛의 와인이 탄생된다.

# 보르도

프랑스 와인에 대해 잘 알지 못하는 사람들이라도 보르도 와인의 명성에 대해서는 들어본 적이 있을 것이다. 우리나라에서도 가장 선택의 폭이 넓은 것이 보르도 지방의 와인이다. 보르도 와인은 맛과 개성이 다른 특색을 지니고 있고 생산자마다 균일한 맛과 질을 유지하기 위해 몇 가지 품종을 혼합해 양조하는 특징을 지니고 있다. 이러한 이유로 오늘날 보르도 와인은 전 세계적으로 가장 많은 사랑을 받고 있는 것이다.

레드 와인, 화이트 와인, 로제 와인, 스파클링 와인, 그리고 디저트 와인은 물론 12세기경부터 영국인들이 즐겨 마신다는 클라레 와인까지 가장 다양한 종류의 와인을 생산한다. 보르도 레드 와인을 대표하는 메독 지방은 두둠한 구소삼과 깊이 있는 우아한 맛으로 우리들에게도 친근하다. 생 떼밀리옹 또한 섬세하면서도 푸근한 맛의 와인 생산지로 익숙하다. 보르도 와인은 가격도 저렴한 1만원부터 몇백만 원대에 이르는 매우 고가의 와인까지 폭넓은 가격대를 형성한다.

세상에 결코 나쁜 와인은 없다.
당신이 좋아하지 않는 와인은 있을지라도!

와인의 향기, 사람의 향기

흔히 와인 잔을 앞에 놓고 가장 많이 하는 행동은 와인을 마시지 않는 동안 손으로 와인 잔을 빙빙 돌리는 것이다. 오랜 시간, 와인병 속에 잠자고 있던 수많은 향을 깨우는 행동인 셈이다. 처음 만나는 와인의 경우에는, 테이스팅을 하거나 첫 잔을 따랐을 때, 처음 그 와인의 향을 맡으며 인사를 나눌 때도 많다. 물론, 시간이 지나면서 그 향은 발하고 섞이고 하겠지만, 나와 와인이 나누는 첫 인사인 만큼 조금은 설레고 기대되는 순간이기도 하다.

와인에서 맡을 수 있는 향기는 다양하다. 첫 번째는 품종에서 나는 향기다. '식물 향'이라고 불리는 이 향기는 와인을 빚으면서 생겨난다. 꽃, 과일, 채소, 풀잎, 후추향 같은 것들이다. 두 번째는 와인 숙성 과정에서 묻어나는 향기다. 오크, 담배, 초콜릿, 커피, 훈제, 꿀, 캐러멜, 버섯 등 복합적인 향기를 낳는다. 이렇게 많은 향기를 나열하고 나면 항상 받는 질문이 있다.

"와인을 빚을 때 이런 재료들을 모두 넣습니까?"

절대 아니다. 와인은 포도라는 과일만으로 빚는 과일주다. 그렇지만 토양과 토질의 차이, 품종, 태어난 해, 그리고 양조 방법과 숙성 과정에 따라 이렇게 많은 향기가 담기기 때문에 와인은 자연의 향기를 한 몸에 담고 있는 신비한 존재라고 불리는 것이다.

화이트 와인은 주로 청포도로 빚지만 적포도로 화이트 와인을 빚기도 한다. 와인의 색깔은 포도 껍질에서 나오기 때문에 적포도를 사용할 경우 양조 과정에 따라 화이트 와인과 레드 와인으로 나뉜다. 대체적으로 화이트 와인은 상큼한 과일류, 그중에서도 오렌지, 귤, 레몬과 같은 감귤류향이 주가 되며 푸른 사과, 서양 배, 아몬드, 흰꽃, 꿀 향기 등도 만날 수 있다.

레드 와인에서는 체리, 딸기, 까치밥나무, 블루베리 등 붉은 과일향과 커피, 캐러멜, 초콜릿 향기를, 더불어 후추처럼 매콤한 향신료의 향기도 만날 수 있다.

이처럼 다양한 와인의 향기를 만끽하기 위해서는 함께 먹는 음식이 너무 맵거나 강한 맛을 내면 곤란해진다. 음식의 맛과 양념이 너무 진하다 보면 와인 속에 담겨 있는 이러한 향기를 삼켜버리기 때문이다.

어떤 와인이나 향기를 지니고 있다. 와인 한잔 속에 담긴 수많은 향기와 조우하는 것은, 그리고 그 향기를 기억하고 다시 찾게 되는 것은 그다지 어려운 일이 아니다. 와인은 사람과 어떤 부분 참 비슷하다. 사람에게도 그 사람만의 향기가 있다. 우리가 그 향기를 맡지 못할 뿐, 맡기 위해 노력하지 않아서 그의 진가를 모를 때가 많다.

오늘 같은 날에는 와인의 향기에 취해보고 싶다.

**장소 협찬**
와인나라 아카데미

**와인 협찬**
국순당
까브드뱅
대유와인
동원와인
뱅앤조이
비노쿠스
비티스
아영 FBC
크리스탈와인
타이거인터내셔널
티애니 떼루와

# 그녀가 사랑하는 와인

2016년 12월 1일 초판 1쇄 발행

지은이 • 박인혜
펴낸이 • 이동은

편집 • 박현주

펴낸곳 • 버튼북스
출판등록 • 2015년 5월 28일(제2015-000040호)

주소 • 서울시 동작구 현충로 151, 109-201
전화 • 02-6052-2144  팩스 • 02-6082-2144

ⓒ 박인혜 2016
ISBN 979-11-87320-05-0 13590